Tucholsky Wagner Zola Scott Sydow Freud Schlegel
Turgenev Wallace Fonatne

Twain Walther von der Vogelweide Fouqué Friedrich II. von Preußen
Weber Freiligrath

Fechner Weiße Rose Kant Ernst Frey
Fichte von Fallersleben Richthofen Frommel
Hölderlin

Engels Fielding Eichendorff Tacitus Dumas
Fehrs Faber Flaubert

Maximilian I. von Habsburg Fock Eliasberg Zweig Ebner Eschenbach
Feuerbach Eliot

Ewald Vergil
Goethe Elisabeth von Österreich London
Mendelssohn Balzac Shakespeare Dostojewski Ganghofer
Lichtenberg Rathenau Doyle Gjellerup
Trackl Stevenson Hambruch
Mommsen Tolstoi Lenz Droste-Hülshoff
Thoma Hanrieder
Dach von Arnim Hägele Humboldt
Verne Hauff
Reuter Rousseau Hagen Gautier
Karrillon Hauptmann
Garschin Baudelaire
Defoe
Damaschke Hebbel
Descartes
Hegel Kussmaul Herder
Wolfram von Eschenbach Dickens Schopenhauer
Darwin Rilke George
Bronner Melville Grimm Jerome
Bebel Proust
Campe Horváth Aristoteles
Bismarck Vigny Voltaire Federer Herodot
Barlach
Gengenbach Heine
Storm Casanova Tersteegen Grillparzer Georgy
Gilm
Chamberlain Lessing Langbein Gryphius
Brentano Lafontaine
Strachwitz Claudius Schiller Kralik Iffland Sokrates
Bellamy Schilling
Katharina II. von Rußland Gerstäcker Raabe Gibbon Tschechow
Löns Hesse Hoffmann Gogol Wilde Gleim Vulpius
Luther Heym Hofmannsthal Morgenstern
Roth Klee Hölty Goedicke
Heyse Klopstock Kleist
Luxemburg Puschkin Homer Mörike
Machiavelli La Roche Horaz Musil
Navarra Aurel Musset Kierkegaard Kraft Kraus
Nestroy Marie de France Lamprecht Kind Kirchhoff Hugo Moltke
Laotse Ipsen Liebknecht
Nietzsche Nansen
Marx Ringelnatz
von Ossietzky Lassalle Gorki Klett Leibniz
May
Petalozzi vom Stein Lawrence Irving
Platon Knigge
Sachs Pückler Michelangelo Kock Kafka
Poe Liebermann
de Sade Praetorius Mistral Zetkin Korolenko

La maison d'édition tredition, basée à Hambourg, a publié dans la série **TREDITION CLASSICS** des ouvrages anciens de plus de deux millénaires. Ils étaient pour la plupart épuisés ou uniquement disponible chez les bouquinistes.

La série est destinée à préserver la littérature et à promouvoir la culture. Elle contribue ainsi au fait que plusieurs milliers d'œuvres ne tombent plus dans l'oubli.

La figure symbolique de la série **TREDITION CLASSICS**, est Johannes Gutenberg (1400 - 1468), imprimeur et inventeur de caractères métalliques mobiles et de la presse d'impression.

Avec sa série **TREDITION CLASSICS**, tredition à comme but de mettre à disposition des milliers de classiques de la littérature mondiale dans différentes langues et de les diffuser dans le monde entier. Toutes les œuvres de cette série sont chacune disponibles en format de poche et en édition relié. Pour plus d'informations sur cette série unique de livres et sur l'éditeur tredition, visitez notre site: www.tredition.com

tredition a été créé en 2006 par Sandra Latusseck et Soenke Schulz. Basé à Hambourg, en Allemagne, tredition offre des solutions d'édition aux auteurs ainsi qu'aux maisons d'édition, en combinant à la fois édition et distribution du contenu du livre en imprimé et numérique et ce dans le monde entier. tredition est idéalement positionnée pour permettre aux auteurs et maisons d'édition de créer des livres dans leurs propres domaines et sujets sans prendre de risques de fabrication conventionnelles.

Pour plus d'informations nous vous invitons à visiter notre site: www.tredition.com

Traité General de la Cuisine Maigre

Auguste Helie

Mentions légales

Cette œuvre fait partie de la série TREDITION CLASSICS.

Auteur: Auguste Helie
Conception de couverture: toepferschumann, Berlin (Allemagne)

Editeur: tredition GmbH, Hambourg (Allemagne)
ISBN: 978-3-8491-3472-3

www.tredition.com
www.tredition.de

L'objectif de TREDITIONS CLASSICS est de mettre à nouveau à disposition des milliers d'œuvres de classiques français, allemands et d'autres langues disponible dans un format livre. Les œuvres ont été scannés et digitalisés. Malgré tous les soins apportés, des erreurs ne peuvent pas être complètement exclues. Nos partenaires et nous même, tredition, essayons d'aboutir aux meilleurs résultats. Toutefois, si des fautes subsistent, nous vous prions de nous en excuser. L'orthographe de l'œuvre originale a été reprise sans modification. Il se peut que ce dernier diffère de l'orthographe utilisée aujourd'hui.

AUGUSTE HELIE

Traite general de la cuisine maigre:

Potages,
Entrees et Releves,
Entremets de Legumes,
Sauces,
Entremets sucres,

Traite des Hors d'oeuvre et Savoureux

Avec 50 illustrations de FROMENT

PREFACE par Chatillon-Plessis

[Gravure 01.png]

PREFACE

Il est peu de livres desquels on puisse dire ce qu'on dira de celui-ci:

— Il manquait.

Et ce n'est pas un mince eloge a faire, des ces premieres pages, a l'oeuvre d'Auguste Helie.

Dans la masse d'ouvrages culinaires dont on lit les cinq mille titres dans le si curieux et si instructif Repertoire de Georges Vicaire (Bibliographie Gastronomique), quelques-uns a peine peuvent, par leur intention, lui etre rapproches. Mais aucun, comme fond absolu, non plus que comme forme, ne lui ressemble.

Ici, il y a une volonte bien arretee, et toujours precise, a suivre un sujet special, et a l'epuiser jusqu'au bout, avec une conviction profonde et un talent toujours egal et toujours sur.

Parmi les collaborateurs de l'*Art Culinaire* ou il a su prendre une des premieres places, depuis dix ans, Auguste Helie realise une physionomie bien particuliere.

Une grande bienveillance servie par un sourire sans arriere-pensee, eclaire le visage de ce praticien serieux en son art, scrupuleux en ses procedes, plein d'experience et de gout.

Par son education parisienne, au centre de l'activite intelligente ou se vivifie le sens culinaire du Monde, l'auteur du "*Traite du Maigre*", a pu, des sa jeunesse, apprendre tout ce qu'il faut savoir, en ces sciences si delicates des preparations. Par ses longs sejours a l'etranger, et particulierement en Angleterre, ou les plus aristocratiques tables furent dirigees par lui, tout ce qui pouvait etre innove a ete, par lui, tente et reussi.

C'est donc un ensemble complet d'experience et de savoir qui produit ce livre, et le public ne s'y trompera pas. Il se sentira a chaque ligne, guide avec une grace aisee, et soutenu avec force.

Je n'ai, en consequence, il me semble, aucun souhait a exprimer sur les destinees du *"Traite du Maigre"*, qui saura bien tout seul realiser les plus ambitieuses propheties.

Il m'est bien plus raisonnable de feliciter ici, simplement et vigoureusement, un auteur que j'estime particulierement et qui est reste un ami devoue de tous les efforts professionnels de cette fin de siecle.

Grace a lui, j'en suis sur, nos tables les plus severes connaitront bien des agrements permis et l'art de faire maigre prendra rang hygienique autant que, parfois, meme somptueux.

On parle beaucoup de cuisine vegetarienne depuis quelques annees. En voici les formules les plus delicates et les plus aimables, et de nature a n'eveiller jamais aucun regret. A de telles conditions, c'est plaisir que de renoncer aux joies dites substantielles.

Les estomacs auxquels, pour une raison ou pour une autre, les mets gras sont interdits, devront une reconnaissance sans prix a l'Auteur de ce bel et utile ouvrage. Et quant aux autres, ils pourront user des privileges vegetariens avec profit. Ainsi, pour ceux-ci ou ceux-la, l'avantage est constant et ne fera que des heureux.

Combien d'in-folios enormes provoqueront plus de bruit, tiendront plus de place et feront moins de bien, en ce monde, ou sous le pretexte d'apprendre a bien parler, on perd, le plus souvent, le temps d'apprendre a bien vivre.

CHATILLON-PLESSIS.

Paris, janvier 1897.

A L'AUTEUR

Te souviens-tu de la prime jeunesse
Du temps heureux, ou, tout petits garcons,
Nous batissions la frele forteresse
Nid pour la mouche et les colimacons?

Retraite sure, et bien vite emportee
Du pied distrait d'un grand demolisseur...
Mais aussitot, des ruines ecroulees
Reparaissait l'oeuvre du constructeur.

Jeux enfantins, vous revivez de meme
Dans les efforts de l'apre travailleur,
Honneur a lui, qui prodigue et qui seme,
Pour les moissons, le grain fecondateur.

Qu'importe l'oeuvre, elle existe et demeure!
C'est un jalon plante pour l'avenir.
L'idee enfin, burinee, a son heure,
Sur un granit qui ne devra perir...

Et, quand, assis devant l'atre qui chante,
Tu reliras a tes petits neveux
L'Art de creer une chose allechante,
Ils souriront, et tu seras heureux.

Plus tard encore, pour ordonner leurs fetes,
En recherchant le volume endormi,
Ils rediront, en inclinant leurs tetes,
Souvenons-nous du livre de l'Ami!...

Ami, merci! de ce recueil qui livre
Tant de secrets de cet art incompris!
Et vous, chercheurs, veuillez prendre ce livre
Ouvrez, lisez... Et vous serez conquis!...

ENVOI

Toi qui depeint les mets que l'on mange en careme:
Savourys delicats, savoureux plats de creme,
Qu'eut fait rever, beat, Brice, le gros baron,
Un jour, nous diras-tu, des recettes plus grasses?

L'art de confectionner le salmis de becasses,
Et le dindon truffe qu'on sert au reveillon?…

Louis FAURE.

Fontenay-aux-Roses, 23 decembre 1896.

INTRODUCTION

[Gravure 02.png]

Au courant de mes longs travaux professionnels, j'ai ete a meme de m'apercevoir que les documents relatifs aux preparations maigres etaient, ou tres rares, ou vaguement signales dans les livres de cuisine generale. Il m'a paru, des lors, utile autant qu'interessant de rassembler a ce sujet tous les materiaux pouvant eviter les embarras que j'eprouvai moi-meme si souvent dans la mise en oeuvre des grands diners maigres necessaires aux familles dans lesquelles j'ai servi.

Bien des difficultes, je le crois, seront ainsi aplanies, car le maigre est aujourd'hui fort recherche et tres apprecie. Un diner maigre bien compose et bien compris comporte au point de vue gastronomique autant d'attraits qu'un diner gras, outre le plaisir eleve de la difficulte vaincue, puisqu'il faut faire aussi bien avec de moindres elements.

Dans certaines familles ou le maigre est observe dans ses regles les plus severes, mon experience a puise de vives excitations a produire avec ordre et raisonnement.

Le travail du maigre, en effet, exige beaucoup de soin, de proprete, de menagements et de vigilance.

Les poissons doivent etre de premiere fraicheur, soit pour les farces, soit pour les entrees, releves ou autres preparations, en chaud comme en froid.

On ne saurait trop insister sur ce point, car le poisson, base des preparations en maigre, est en lui-meme tres nutritif et tres recommande aux personnes delicates et de faible constitution, aux malades, enfin, et aussi aux enfants.

Mieux que les poissons d'eau douce, les poissons de mer sont a signaler comme etant plus sains et plus nourrissants. Et parmi les premiers, il faut encore preferer les poissons de fleuves, de rivieres, des eaux rocailleuses et claires, a ceux des lacs, des etangs et autres eaux stagnantes et vaseuses.

On mange le poisson roti, grille, frit, bouilli, en farce a quenelle, etc. A la campagne, ou, lorsqu'on ne peut aisement se procurer du poisson de mer, il faudra s'enquerir des productions des eaux douces environnantes.

Les oeufs jouent egalement un grand role dans la cuisine maigre, ainsi que les primeurs et la confection des pates.

A certaines saisons difficiles de l'annee, et surtout pendant le Careme, l'embarras est parfois extreme pour la confection des grands diners. En prevision de ces sortes de repas, l'essentiel est d'avoir en permanence un bon fonds de maigre d'avance, soit en conserve, soit en primeur. Un vivier bien entretenu, a la campagne est une ressource notable, outre les excellents produits d'alentour, oeufs, beurre, etc.

Je parlais, plus haut, des necessites de proprete dans le travail auquel cet ouvrage est consacre. On peut dire que tout ce qui concerne la cuisine doit participer de cette remarque. Aussi ne saurais-je trop recommander l'exemple charmant qu'offrent les cuisines anglaises. La vue des aides feminins, les *kitchen-maid* ou filles de cuisine, avec leurs bras nus et la rigoureuse blancheur de leurs tabliers permet, presque a l'avance, de recommander a l'appetit des convives les mets sortis d'un travail serre, soigne, propre enfin. Mon excellent ami et collegue M. Alfred Suzanne, a su parler avec autorite et talent de ces choses dans son beau livre la *Cuisine anglaise*, et je ne puis que rendre un egal hommage, sous ce rapport, aux habitudes culinaires d'outre-Manche. Nos cuisines francaises ont tant de superiorites, en d'autres cas, que ce parallele ne peut les affaiblir. Mais il est bon, quand meme, d'observer en tous pays, et d'emprunter, partout, ce qui peut rehausser l'art qui nous est cher.

Donc, proprete, soins, prevoyance, telles sont les premieres necessites qui president a une bonne entente de la cuisine maigre. Pour le reste, j'espere que les recettes et les indications qui suivent suffiront a toute personne du bonne volonte et de gout, pour atteindre le resultat que je me suis propose dans cet ouvrage.

A. HELIE.

Paris, Decembre 1896.

TRAITTE GENERAL

DE

LA CUISINE MAIGRE

PREMIERE PARTIE

I

SOUPES ET POTAGES

Fonds de bouillon maigre.

Prenez 6 belles carottes, dites Crecy, que vous coupez en rondelles; prenez autant de navets, 4 oignons, 2 pieds de celeri, 2 panais, 1 bouquet de cerfeuil et de persil.

Foncez une petite marmite de tous les legumes de la saison: tels que pois, haricots verts, etc., couvrez les legumes d'eau jusqu'a hauteur et faites bouillir pendant 4 heures. Salez et ecumez. Lorsque les legumes sont a peu pres cuits, ajoutez un peu de sucre.

Passez votre bouillon dans une terrine vernissee et laissez dans un endroit frais pour vous en servir, soit pour mouiller vos purees de legumes ou potages aux legumes.

Autre preparation.

Prenez 6 belles carottes, 4 poireaux, 6 navets, 2 panais et un chou blanc bien pomme. Coupez tous ces legumes en lames tres minces que vous placez avec un bon morceau de beurre dans une casserole. Laissez cuire les legumes a couvert; lorsqu'ils sont tombes a glace, mouillez-les avec de l'eau a moitie hauteur de la casserole. Garnissez d'un oignon cloute, un bon bouquet de persil et cerfeuil, thym, une feuille de laurier.

Laissez cuire pendant deux heures a petit bouillon.

Le deuxieme fonds peut servir egalement aux purees et potages de legumes.

Bouillon de Legumes verts.

Foncez une casserole de lames de carotte, celeris, oignons, poireaux, faites cuire a couvert, ajoutez-y un demi-litre de petits pois, une petite botte d'asperges vertes, une ou deux laitues, une poignee d'oseille et d'epinards ainsi que quelques feuilles de poiree. Laissez cuire pendant 2 heures; apres cuisson, passez ce bouillon sur serviette pour vous servir a mouiller les purees de pois, d'asperges, de laitues ou autre puree de legumes verts.

Consomme de racine.

Coupez en lames fines, 6 belles carottes rouges, 2 poireaux, 2 ou 3 navets, 1 panais, 1 racine de persil et 1 pied de celeri.

Passez tous ces legumes au beurre sans les trop colorer, mouillez ensuite avec du grand bouillon de legumes, laissez mijoter sur le coin du fourneau jusqu'a ce qu'il devienne tres clair; ajoutez-y un petit morceau de sucre pour enlever l'acrete des legumes qui existe toujours. Laissez cuire environ 3 heures, passez-le ensuite sur une serviette ou sur un tamis de Venise, apres l'avoir bien degraisse.

Ce consomme se sert avec toutes garnitures ainsi que les pates alimentaires.

Bouillon blanc de poisson de riviere.

Foncez une moyenne casserole de carottes emincees, coupez en rondelles un peu de celeri et racine de persil cisele, ainsi qu'un bouquet de persil garni, sel, poivre en grain et muscade, Mettez 3 ou 4 livres de carcasse de brochet, barbillon, tanches, tout ce que vous pouvez disposer; conservez les filets, soit pour vous en servir pour farce ou pour entrees. Mouillez le tout avec une bouteille de Chablis et de l'eau a couvert, salez legerement, laissez cuire a petit feu de maniere que le bouillon se depouille par lui-meme et devienne clair.

Apres cuisson terminee, passez-le sur serviette dans une terrine vernissee, le laisser dans un endroit frais pour vous en servir.

Bouillon de poisson de mer.

Emincez quelques carottes, oignons, celeri, echalotes et racines de persil, que vous passez au beurre a couvert. Prenez ensuite les carcasses de 4 soles, 1 tete de turbot, la cuisson d'un litre de moules et d'une douzaine d'huitres que vous mettez dans votre casserole, un bon bouquet de persil garni ainsi qu'un peu de fenouil, sel et poivre en grain. Mouillez avec un peu de Madere et de l'eau, faites partir sur le feu jusqu'a l'ebullition, ensuite le laisser bouillir doucement afin que le bouillon devienne clair et que la gelatine ait le temps de se detacher des os. Lorsque sa cuisson est terminee, l'ecumer, le passer doucement sur serviette dans une terrine vernissee. Apres refroidissement, mettez-le ensuite au frais ou a la glace, ce bouillon vous servira pour vos consommes de poisson avec garniture de poisson et autre.

Consomme de poisson.

Mettez un bon morceau de beurre dans une casserole sur le feu. Emincez 4 ou 5 carottes, 3 oignons ciseles, 2 ou 3 poireaux, 1 pied de celeri, 2 ou 3 echalotes, 1 ou 2 gousses d'ail, 1 fort bouquet de persil garni, 1 bouquet de basilic, une poignee de poivre en grains. Mettez le tout dans la casserole et tournez avec une cuiller de bois jusqu'a ce qu'ils prennent couleur en ayant soin qu'ils ne s'attachent pas a la casserole.

Mouillez ensuite avec 3 bouteilles de bon Chablis et 4 a 5 litres d'eau fraiche, ajoutez encore 1 tete de turbot coupee en petit morceaux, les carcasses d'une demi-douzaine de soles, 2 ou 3 grondins ainsi que les carcasses de 4 a 5 merlans dont vous conserverez les filets pour la clarification de votre consomme. Faites bouillir jusqu'a entiere cuisson, passez ensuite a la serviettc.

D'un autre cote pilez les filets de merlans en ajoutant 2 ou 3 blancs d'oeufs, delayez cette chair avec votre bouillon par petite quantite de maniere que le melange soit bien fait, faites-le partir sur le feu en le remuant toujours jusqu'a l'ebullition. Lorsqu'il commence a bouillir retirez-le sur le coin afin qu'il se clarifie doucement pendant 1 heure environ, le degraisser, le passer sur une serviette. Il doit avoir une belle couleur. Ce consomme peut servir a tous les potages de poisson clair avec garniture.

Bouillon de crustaces.

Lorsque vous avez beaucoup de carapaces de homards, langoustes, crabes, etc., pilez-les dans un mortier, les passer ensuite au beurre dans une casserole, en les tournant sur le feu avec une cuiller de bois; mouillez ensuite avec une demi-bouteille de Sauterne et du bouillon de poisson, ajoutez un bon bouquet de persil garni. Ce bouillon peut vous servir pour les potages bisques.

Potage d'esturgeon aux quenelles.

Prenez une tete d'esturgeon d'une assez belle grosseur, coupez-la en morceaux de la grosseur d'un oeuf, et mettez-les dans une terrine vernissee, faire degorger ces morceaux sous un robinet d'eau fraiche pendant quelques heures afin que les chairs se degagent de leurs parties sanguines.

Mettez ensuite tous ces morceaux dans une marmite, tres propre, les couvrir d'eau, en y ajoutant une bonne bouteille de Chablis, saler convenablement, la mettre sur le feu jusqu'a ebullition; ajouter a la marmite trois oignons dont un cloute de six clous de girofle, une demi-once de poivre en grains, un bouquet de basilic de marjolaine et un de fenouil. Retirez la marmite sur le cote et la laisser cuire doucement sans bouillir, avoir bien soin de la degraisser le plus souvent possible, car l'huile qui remonte a la surface, pourrait en bouillant trop fort, blanchir le bouillon. De temps a autre, ajoutez un peu d'eau fraiche, pour l'eclaircir. Laissez cuire pendant une douzaine d'heures. C'est ainsi que les os de la tete se trouvent reduits a l'etat gelatineux. Lorsque tout est cuit degraissez-la bien et passez la doucement sur une serviette, le bouillon doit etre tres clair, en prendre ce qu'il faut pour le potage et y ajouter un bon verre de madere sec, et le quart d'un jus de citron, une petite pincee de cayenne et versez dans la soupiere en y ajoutant la garniture de quenelles.

Quenelles d'Esturgeon pour potage.

Prendre un quart de chair d'esturgeon, assaisonner de sel et poivre, piler la chair et lui joindre deux onces de beurre fin, une once de panade, un oeuf entier. Passer cette farce au tamis fin et la laisser reposer sur la glace ou dans un endroit frais; au moment de s'en servir, la manier a la cuiller en lui incorporant de la creme double par petites parties, jusqu'a ce que la farce soit assez legere pour la pocher. Beurrez un plat a sauter, poussez au cornet des petites quenelles soit en petits pois, soit en petites chenilles, selon la forme que l'on desire, les pocher au moment et les degraisser en les plongeant dans l'eau bouillante deux ou trois fois, les egoutter et les mettre dans le potage.

J'ai servi ce potage tres souvent a des fins gourmets, qui le prefereraient a celui de la tortue. L'on peut egalement le conserver en le mettant dans un vase de terre vernisse recouvert d'une baudruche bien ficelee, mettre ce vase au bain marie ou a la vapeur pendant vingt minutes, ensuite le laisser refroidir dans son bain et le placer dans un endroit frais, jusqu'a ce que l'on ait besoin de s'en servir.

Potage Tortue clair au maigre.

Ce potage est sans contredit le plus riche et en meme temps le plus apprecie des bons gourmets, surtout pour ceux qui savent le manger. En Angleterre, il parait presque toujours dans les grands festins luxueux; on le sert aussi dans un dejeuner de noce. Je l'ai servi moi-meme pour un dejeuner de noce a Londres, chez lord Dudley, de 60 couverts. Chaque personne avait sa soupiere en argent massif, et dont le couvercle etait surmonte d'une couronne comtale ainsi qu'aux armes de la maison.

Choisissez une belle tortue vivante, attachez-lui les deux nageoires de derriere, la pendre, ensuite lui couper la tete, la laisser saigner toute une nuit. Le lendemain vous la placez sur une table sur son dos, avec votre couteau (il faut avoir un couteau tres fort et court), vous lui enlevez la carapace en faisant glisser votre couteau entre les jointures, lorsque le plastron est detache enlevez toutes les graisses et les boyaux. (Ces boyaux se servent en Amerique, en les faisant blanchir et les couper en petits morceaux, mais en Angleterre l'on ne les sert pas). Detachez egalement les nageoires et le cou de la carapace ainsi que les chairs et les os. Ce sont ces chairs que l'on nomme noix parce qu'il y a beaucoup de ressemblance a la noix de veau; l'on peut egalement la servir comme entree sous differentes formes, comme vous le verrez plus loin dans ce livre.

Coupez la carapace en gros carres, les faire blanchir et degorger a l'eau fraiche quelque temps.

Ensuite les cuire a grande eau; faire blanchir egalement les nageoires et le cou pour les gratter, les adjoindre aux autres morceaux coupes. Lorsque vous voyez que les morceaux sont tendres au toucher et que les chairs se retirent facilement des os, que l'ecaille puisse se retirer de meme, les enlever; deposer ensuite les morceaux dans une terrine en les couvrant de leur propre cuisson. Coupez les os que vous mettrez dans une marmite ainsi que le reste des viandes, les nageoires et le cou. L'on peut egalement y ajouter deux tetes de turbots bien frais, mouillez la marmite avec deux ou trois bouteilles de vin de Chablis et une bouteille de Madere ainsi que le reste de la cuisson, finir de remplir avec de l'eau. Faites partir la marmite sur le feu jusqu'a son ebullition, avoir bien soin de l'ecumer, la garnir de carottes, oignons, cloutes de girofle, un pied de celeri, poireaux, un bon bouquet de persil garni fortement, quelques gousses d'ail, la laisser bouillir sur le cote du feu pendant au moins 6 heures; lorsque les nageoires et le cou sont cuits vous les retirez pour les desosser, les mettre a mesure dans une terrine toujours recouverte de leur cuisson. Lorsque les viandes et les os sont assez cuits, degraissez bien le bouillon et passez-le ensuite a travers une serviette et le mettre au frais pour vous en servir.

D'autre part, coupez les morceaux de graisse que vous avez mis de cote, en petits morceaux; faites-les blanchir. Cette graisse doit etre servie a part dans une sauciere, ce que l'on nomme en anglais *Greenfat*. Quelques minutes avant de servir, faites une petite infusion d'herbes a tortue, qui se compose de marjolaine, basilic, sariette, une branche de thym et un peu de romarin. Mettez ces herbes dans une petite mousseline que vous attachez, puis dans un bain-marie ou vous aurez mis un bon verre de Madere a bouillir. Mettez cette infusion dans votre soupe au dernier moment en y ajoutant le jus d'un citron. Choisissez les morceaux qu'il vous faut pour votre potage a couvert au bain-marie. Versez assez de bouillon pour votre potage dans la soupiere, mettez-y vos morceaux et servez la graisse a part dans une sauciere ou une timbale d'argent.

On sert egalement en meme temps un verre de Milk Punch pour chaque convive.

Milk Punch pour Potage Tortue.

Prenez les zestes de deux citrons et de deux oranges, ayez soin qu'il ne reste pas de blanc apres vos zestes sans quoi votre punch serait amer. Faites une infusion dans un sirop leger pendant une demi-heure, ajoutez a votre infusion un demi-litre de bon rhum et un peu de kirsch ainsi que le jus de trois citrons et de deux oranges. Lorsque le tout est mele, versez-y un verre de lait, donnez-lui un coup de fouet, laissez-le ensuite reposer quelque temps; passez-le a la chausse ou au papier-filtre, et mettez-le en bouteille et laissez-le au frais a la cave pour vous en servir.

Soupe de tortue liee.

Cette soupe ne differe de l'autre que par sa liaison. Mettez 2 ou 3 cuillerees a bouche d'arowroot ou de fecule de pommes de terre que vous lavez a l'eau fraiche. Laissez-la deposer quelques minutes. Lorsque votre bouillon est en ebullition versez-le sur l'arowroot apres en avoir jete l'eau; maniez au fouet a blanc d'oeuf a mesure que votre bouillon tombe dessus, laissez-le au bain-marie jusqu'au moment du service, mettez les morceaux de tortue dans la soupiere et versez votre soupe dessus en y ajoutant comme a l'autre un jus de citron et une infusion d'herbes a tortue.

Le Punch se sert egalement avec.

Soupe Tortue a l'Indienne.

Comme la tortue liee, excepte que les morceaux de tortue sont coupes plus petits. Vous ajoutez une cuilleree de pate a Curry ainsi qu'un lait de coco bien frais, une pincee de sucre ainsi qu'une petite garniture de riz des Indes (Patna) prealablement blanchi d'avance, le mettre dans la soupiere au dernier moment.

Soupe d'Esturgeon a la Russe.

Prenez du bouillon de tete d'esturgeon, servez avec une petite garniture ainsi preparee:

Mettez a tremper deux onces de vesiga a l'eau fraiche pendant une demi-journee; lorsque votre vesiga est grossi et bien detendu coupez-le en carres longs, faites-le blanchir a grande eau, l'egoutter et le faire cuire dans du bouillon de tete d'esturgeon jusqu'a ce qu'il soit moelleux et transparent, versez-le dans le potage on y ajoutant un demi-verre de Madere et le jus d'un demi citron.

Soupe d'Esturgeon liee aux petites quenelles.

Faites comme pour la Tortue liee.

Garnissez le potage avec des petites quenelles faites avec la chair d'esturgeon. Ajoutez a votre soupe un bon verre de creme aigre, un peu de fenouil hache, ainsi qu'un bon morceau de beurre fin et bien frais. *(Voyez Quenelles d'esturgeon).*

Consomme aux escalopes d'esturgeon.

Coupez de petites escalopes sur un morceau d'esturgeon, les faire tres petites et tres minces, de la grosseur d'une piece de 2 francs; beurrez legerement un plafond d'office, placez-y vos escalopes apres les avoir assaisonnees, les couvrir d'un papier beurre, faites-les pocher au four, ensuite les egoutter sur une serviette, afin d'en eponger le beurre, placez vos escalopes dans la soupiere, votre consomme d'esturgeon par dessus avec le jus d'un demi citron ainsi qu'un petit verre de Madere.

Consomme aux quenelles de brochet.

Faites une farce de brochet, comme pour les farces de merlan, montez-la egalement a la creme, beurrez un plat a sauter, poussez des petites quenelles au cornet. Lorsque le plat a sauter est plein, versez de l'eau bouillante dessus, couvrez-le d'un couvercle et laissez-les pocher. Quelques minutes suffisent. Les egoutter ensuite, versez votre consomme dans la soupiere, ajoutez-y vos quenelles; degraissez bien le potage avec du papier de cuisine et servez.

Consomme aux quenelles et brunoise.

Faites de meme que le precedent. Ajoutez-y une petite brunoise en versant votre consomme aux quenelles dans la soupiere ainsi qu'une petite peluche de persil.

Consomme aux quenelles de carpe.

Preparez ce potage comme il est indique aux quenelles de brochet.

Consomme aux quenelles garnies de queues d'ecrevisses.

Procedez de meme que pour les potages aux quenelles, seulement avant de piler votre farce, ajoutez-y un peu de corail de homard afin de donner une couleur rouge a la farce, la monter a la creme, y meler un salpicon de queues d'ecrevisses, pocher la farce ensuite par de petites quenelles a la cuiller, versez votre consomme dans la soupiere, ajoutez vos quenelles et servez.

Printanier aux quenelles de carpe.

Preparez une petite garniture de legumes que vous faites blanchir selon les regles. Au moment de servir mettez votre consomme ainsi que les quenelles dans la soupiere, ajoutez-y votre garniture de legumes et une petite peluche de cerfeuil.

Consomme aux quenelles de merlan.

Remplacez les quenelles de saumon par des quenelles de merlan.

Consomme aux quenelles et racines de persil.

Faites une petite julienne de racines de persil que vous blanchissez a fond, l'ajouter apres cuisson a votre potage avec les quenelles.

Consomme aux quenelles de saumon en demi-deuil.

Ajoutez a votre farce un petit salpicon de truffes coupees en des, au dernier moment pochez vos quenelles a la petite cuiller, egouttez-les, mettez-les dans votre potage et servez.

Consomme aux quenelles de saumon et celeri.

Preparez une petite julienne de celeri que vous ajoutez a votre potage en servant.

Consomme aux escalopes de saumon.

Preparez votre potage comme a l'article: Consomme aux escalopes d'esturgeon.

Escalopes de saumon a la Dijonnaise.

Preparez des escalopes comme ci-dessus. Passez deux ou trois oignons eminces dans du beurre, une gousse d'ail, un peu de thym et persil, mouillez le tout avec une bouteille de vieux Bourgogne et du consomme de poisson, laissez cuire au petit feu; liez le tout apres l'avoir passe a l'etamine, ajoutez-y un bon morceau de beurre, mettez vos escalopes dans la soupiere ainsi que votre potage.

Consomme aux escalopes de saumon.

Preparez comme celui d'esturgeon.

Escalopes de truite a la creme.

Liez votre consomme comme il est indique a l'article: Tortue liee. Ajoutez-y un bon verre de creme, un bon morceau de beurre fin, vannez votre potage, mettez vos escalopes dans la soupiere et servez.

Escalopes de truite garnies de julienne.

Ajoutez dans votre consomme une petite julienne de carotte, celeri, navet et racine de persil, ainsi qu'une petite peluche de cerfeuil et de fenouil.

Potage lie aux escalopes d'esturgeon au beurre d'anchois.

Faites comme pour la tortue liee et dans les memes principes, mettez vos escalopes dans la soupiere, finissez par une liaison de 3 ou 4 jaunes d'oeufs, un verre de creme ainsi qu'un beurre d'anchois, vannez votre potage et servez.

Consomme aux quenelles de saumon.

Faites une petite farce a quenelle avec la chair d'une tranche de saumon, comme il est dit a l'article Farce. Montez cette farce a la creme et pochez de petites quenelles a la cuiller a cafe, dans un plat a sauter beurre. Versez ensuite de l'eau bouillante dessus vos quenelles et laissez-les pocher sans bouillir, les egoutter, les joindre au consomme dans la soupiere.

Escalopes d'anguille au fenouil.

Depouillez une belle et grosse anguille de ses deux peaux, la desosser sans la briser, la couper en deux ou trois parties, la faire cuire avec du vin blanc melange d'eau, la garnir d'un oignon cisele, un bouquet de persil, de thym et de fenouil. Lorsqu'elle est cuite, laissez-la refroidir sous presse. Lorsqu'elle est froide, coupez de petites escalopes que vous tenez au chaud, pour mettre dans le consomme au moment de servir, ainsi qu'une peluche de fenouil.

Bouillabaisse.

Pour faire la vraie bouillabaisse comme elle doit etre faite, il faut d'abord etre sur les lieux ou l'on trouve les sortes de poissons, mais aujourd'hui avec les chemins de fer rien n'est impossible de se les procurer. Prenez, si vous trouvez, un lot de poissons tel que 1 chapon (poisson rouge ecarlate), 1 rascasse, 1 serre (poisson vert), 1 rouquet, 1 sarreau, 1 perche, 1 annet, 1 petite mourelle (espece d'anguille couleur de serpent), 1 morceau de congre, 1 sourdo (poisson vert), 2 ou 3 petites langoustes grosses comme des belles ecrevisses. Voila pour le poisson. Mettez dans une sauteuse une cuiller a bouche d'huile d'olive par personne, c'est-a-dire que si vous avez six personnes, mettez six cuillerees d'huile, coupez ensuite deux ou trois oignons en petits des, ainsi que deux ou trois echalotes et deux gousses d'ail. Faites revenir le tout sur un bon feu en tournant avec une cuiller de bois jusqu'a ce que les oignons soient d'un blond leger, ayez des petites tomates que vous coupez en deux et epepinez, retirez la sauteuse du feu, mettez-y vos tomates, salez, poivrez, mettez vos morceaux de poisson que vous aurez coupes d'avance dessus vos tomates. Mouillez le tout avec de l'eau, mettez-y egalement un fort bouquet d'herbes aromatiques, ou si vous en avez des seches, ecrasez les dans vos mains, de maniere qu'elles soient en poudre, faites partir le tout, laissez mijoter 25 minutes, a la fin ajoutez-y une pincee de safran et un bon jus de citron. Placez ensuite de belles tranches de pain dans un plat, dressez vos morceaux de poisson dessus et arrosez-les de leur fonds qui se trouve lie naturellement; l'on peut y mettre aussi un peu d'ecorce d'orange. Cela est tres bon lorsque le poisson est bien frais et que les langoustes soient decoupees vivantes.

Bouillabaisse a la Parisienne.

Choisissez un ou doux merlans, un morceau de congre, une ou deux soles, deux petits rougets, un morceau de turbot, une ou deux petites langoustes. Preparez-la comme ci-dessus et servez sur des tranches de pain egalement.

Potage aux huitres.

Faites blanchir trois ou quatre douzaines de belles huitres, les egoutter, tout en conservant le fond qui doit servir pour votre potage, les eplucher, c'est-a-dire ne conserver que la noix, les mettre de cote, au frais ou sur la glace; d'un autre cote, ayez quelques biscuits anglais, que vous ecrasez avec le rouleau comme de la chapelure, prenez votre fonds de cuisson d'huitres, allongez-le avec du lait, assaisonnez de bon gout, prenez un bon morceau de beurre que vous y melez par petites quantites en vannant votre potage, finissez-le avec une pinte de bonne creme, melez-y vos biscuits ecrases ainsi que vos huitres et servez. Avoir soin que ce potage ne se mette pas en ebullition.

Potage aux moules.

Procedez de la meme maniere que pour les huitres.

Potages aux coquillages.

Procedez de la meme maniere que pour les huitres.

Bisque d'ecrevisses.

Choisissez un demi cent de belles ecrevisses, lavez-les, mettez-les ensuite dans une casserole avec deux oignons coupes en rouelles, sel, thym, laurier, basilic, marjolaine, une gousse d'ail. Mouillez le tout avec une bouteille de vin blanc de Chablis, faites partir a grand feu en les sautant afin que les ecrevisses cuisent regulierement. Lorsqu'elles sont cuites, laissez-les refroidir dans leur fonds. Separez les queues des corps, les eplucher et mettre les queues de cote. Pilez les carapaces que vous mettez ensuite sur le feu dans le fond des ecrevisses, ajoutez-y une demi livre de mie de pain et laissez cuire pendant environ une heure, ensuite passez le tout a l'etamine, mettez cette puree dans une casserole, finissez-la de mouiller avec du fond de poisson ou du consomme de poisson. Coupez les queues d'ecrevisses en deux ou trois parties, ajoutez-les a votre potage, finissez-les avec un bon morceau de beurre fin et un beurre d'ecrevisses en vannant votre potage, et servez bien chaud.

Bisque d'ecrevisses aux petites quenelles.

Procedez comme le precedent potage, en le servant ajoutez-y une petite garniture de petites quenelles de poisson quelconque.

Bisque d'ecrevisses a la creme.

Ajoutez a votre potage bisque un peu de veloute de poisson et une liaison de deux ou trois jaunes d'oeufs ainsi que deux verres de bonne creme, vannez votre potage en y ajoutant un bon morceau de beurre fin et servez.

Bisque d'ecrevisses a l'Indienne.

Passez un oignon d'Espagne cisele dans du beurre. Lorsque l'oignon est d'un beau blond, ajoutez-y une cuiller de poudre de

Curry des Indes ainsi que le jus d'un coco, laissez cuire doucement; apres cuisson passez a l'etamine, ajoutez cette puree a votre potage et quelques cuillerees de riz des Indes blanchi, vannez votre potage et servez.

Bisque de homard.

Coupez deux ou trois carottes, un oignon, une gousse d'ail en lames tres fines, passez le tout dans le beurre sur le feu. Mouillez ensuite avec une bonne bouteille de Chablis et du bouillon de crustaces, si vous en avez, ou du bouillon de poisson. Laissez cuire environ une heure. Ajoutez a votre fonds trois ou quatre homards bien pleins et vivants. Laissez-les cuire pendant environ une demi-heure. Lorsque les homards sont cuits, retirez-en les queues et les pattes que vous taillez en petites escalopes que vous mettez de cote pour votre garniture de potage, le reste des carapaces que vous pilez, en reservant le corail pour faire le beurre de homard. Remettez les carapaces pilees dans la cuisson avec une demi-livre de mie de pain et laissez cuire doucement. Lorsque le tout est cuit, passez a l'etamine, remettez votre puree dans une casserole pour la faire bouillir, au dernier moment ajoutez-y un beurre de homard ainsi que vos escalopes et servez.

Bisque de homard au riz.

Enlevez les chairs de deux homards cuits, que vous pilez en y ajoutant un peu de beurre bien frais et une couple de cuillerees de sauce bechamel, pour l'etendre et en faciliter le passage au tamis. D'un autre cote, pilez les carapaces ainsi que les dedans des homards, faites blanchir un peu de riz; l'egoutter et le mouiller a couvert avec du fond de poisson et mettre les carapaces pilees avec le riz, lorsqu'il est cuit; pilez et passez le tout a l'etamine; melez le tout avec les chairs deja passees; placez votre potage au bain-marie, de maniere qu'il soit bien chaud sans bouillir; lui ajouter, au moment, de la bonne creme et du beurre en petite quantite a la fois, en ayant bien soin de vanner le potage. Au moment de servir, ayez un peu de riz cuit a l'avance pour votre garniture, que vous mettez au moment ou le potage part.

Bisque de homard au sagou.

Preparez votre bisque comme la precedente, seulement au lieu de mie de pain ajoutez-y du sagou. Les bisques de crabes, de crevettes, se font de la meme maniere et l'on peut employer toutes sortes de garniture a l'infini.

Puree de turbot au Curry a l'Indienne.

Passez un ou deux oignons d'Espagne coupes en rouelles dans une casserole avec un morceau de beurre ainsi qu'une cuilleree de poudre a Curry. Mouillez avec du fond de poisson et un verre de vin blanc, ajoutez un morceau de turbot et une demi-livre de mie de pain, laissez cuire une heure, ensuite egouttez le turbot que vous pilez et passez a l'etamine ainsi que la cuisson; finissez votre potage avec un lait de coco ainsi qu'un bon morceau de beurre et un verre de creme; vannez votre potage et servez.

Potage Julienne.

Prenez carottes, navets, poireaux, oignons, un peu de chou, celeri et quelques haricots verts, pointes d'asperges; apres etre epluches, coupez-les en julienne, faites revenir dans une casserole avec un morceau de beurre et mouillez a couvert avec du bouillon maigre, ou simplement avec de l'eau et laissez-le cuire et tomber a glace; ensuite, y ajouter un petit morceau de sucre, mouillez le tout avec du bouillon de legumes et servir bouillant en y ajoutant une petite pluche de cerfeuil, ainsi qu'une petite chiffonnade de laitues et oseilles prealablement blanchies.

Puree Crecy au Riz.

Emincez plusieurs belles et bonnes carottes bien fraiches et roug-es, faites revenir le tout avec un bon morceau de beurre dans une casserole sur le feu, en ayant soin, toutefois, que cela ne pince pas, ensuite, mouillez a couvert comme pour la julienne, ajoutez-y aussi un petit morceau de sucre et laissez cuire doucement a couvert, ajoutez-y un petit oignon et un peu de cerfeuil. Lorsque tout est cuit, egouttez-en le bouillon, pilez les carottes au mortier et passez cette puree au tamis fin ou a l'etamine, ensuite, mouillez avec du bouillon de legumes, pour la quantite de personnes que vous avez a servir. Ayez aussi du riz cuit d'avance pour mettre dans votre pota-ge au moment de partir. Ce potage n'a pas besoin de croutons, le riz en fait seul la garniture.

Puree de pois aux croutons a la Fermiere.

Prenez un litre de pois secs, mettez-les a bouillir avec un bon morceau de beurre, une carotte, un bon bouquet garni, les assaison-ner apres moitie cuisson. Lorsqu'ils sont cuits, les egoutter et les passer a l'etamine, et les finir en mouillant avec du consomme de legumes, un bon verre de creme double et un morceau de beurre frais, divise par petites parties. Vannez le potage et envoyez a part des croutons frits sur serviette.

Potage Tortue clair.

J'ai deja donne la recette de ce fameux bouillon de tortue, qui est un des premiers et des plus confortables a l'estomac; il revient bien plus cher que le consomme, mais, en somme, il est maigre et c'est un des aliments le plus succulent; il faut qu'il soit mange bien chaud et accompagne d'un bon verre de Milk Punch.

Puree de Celeri a la Creme.

Choisissez de beaux pieds de celeri bien blancs que vous parez et lavez; faites-les blanchir quelques minutes et les rafraichir ensuite. Foncez une casserole avec un morceau de beurre, un oignon coupe en lames; mettez-y vos celeris coupes en rondelles, ainsi que deux ou trois pommes de terre; assaisonnez de bon gout et mouillez le tout avec du lait. Faites cuire a petit feu jusqu'a cuisson terminee, egouttez et passez au tamis fin; mouillez votre potage avec sa cuisson et le finir avec un morceau de beurre frais, une liaison de trois jaunes d'oeufs et de la creme, ayant soin de vanner votre po-tage au bain-marie jusqu'au moment de le servir. L'on peut egalement envoyer des petits croutons de pain passes au beurre, servis sur serviette.

Creme d'asperges aux pointes.

Prenez de bonnes asperges vertes que vous choisissez bien tendres, les nettoyer, en separer les tetes pour les blanchir, ce qui doit servir de garniture au potage; cassez les asperges en petites parties et au plus tendre, les mettre a cuire avec un morceau de beurre et a couvert d'eau; apres cuisson, les passer a l'etamine, lier le potage avec de la bonne creme et plusieurs jaunes d'oeufs et un morceau de beurre bien frais au dernier moment, par petites parties, en vannant votre potage au bain-marie, ajoutez les tetes que vous avez blanchies, comme garniture.

Potage Palestine.

Prenez deux ou trois livres de topinambours frais (ou artichauts de Jerusalem), les eplucher, les couper en lames; mettre un bon morceau de beurre dans une casserole, y placer vos topinambours et les mouiller a couvert avec du lait; les assaisonner et les cuire jusqu'a ce qu'ils soient en puree, les egoutter, les passer a l'etamine, allonger cette puree avec le reste du fond en y ajoutant un morceau de beurre et de la creme fraiche; conservez le potage au bain-marie bien chaud et envoyez sur serviette, a part, des petits croutons frits au beurre.

Puree de Potiron a la Creme.

Le Potiron est une espece de courge, genre de la *monoecie monadelphie*, et de la famille des cucurbitacees.

Il y a des potirons verts et jaunes; leur chair constitue un aliment tres sain et rafraichissant.

Prenez de preference une belle tranche d'un potiron jaune, emincez-la dans une terrine et faites-la blanchir a l'eau de sel, la passer au tamis fin et mouiller avec du lait, y ajouter un bon mor-

ceau de beurre bien frais, un morceau de sucre et de la creme, l'on
peut egalement envoyer des petits croutons frits sur une serviette.

Potage Brunoise.

Taillez des legumes en petits carres ou des: carottes, oignons, navets, celeris, poireaux; procedez comme pour la Julienne maigre et
servez des petites tranches de pain grille a part.

Potage d'Esturgeon au Vesiga.

Mettez a tremper du vesiga dans uns terrine d'eau fraiche pendant une journee; lorsque votre vesiga est bien etendu comme des
rubans, coupez-les en morceaux d'egale grosseur; le faire blanchir et
le cuire doucement dans du bouillon d'esturgeon; lorsque le vesiga
est transparent comme de la gelatine, il est cuit; l'egoutter, le mettre
dans la soupiere ainsi que votre bouillon d'esturgeon, ajoutez-y une
petite peluche de fenouil et servez.

Puree de Legumes a la Creme.

Choisissez des legumes frais, tels que carottes, navets, celeris,
poireaux, un petit chou-fleur, quelques haricots verts et petits pois;
coupez les legumes en rondelles et faites les cuire avec un bon morceau de beurre, et les mouiller avec du bouillon de legumes ou simplement avec de l'eau, si vous n'avez pas de bouillon. Apres
cuisson, passez le tout a l'etamine et finissez avec un morceau de
beurre et de la creme.

Consomme de Racines au Sagou.

Prenez du consomme de legumes; faites-le bouillir. Lorsqu'il est
en ebullition, versez du sagou a peu pres une cuilleree par personne, vannez votre potage afin que le sagou ne se mette pas en
grumeaux, laissez-le cuire a petit feu et servez.

Potage de Laitance aux Petits Pois.

Prenez quelques laitances de carpe, que vous faites degorger pendant quelques heures ou l'eau se renouvelle de temps a autre par un petit jet coulant continuellement; faites-les blanchir a l'eau de sel acidulee, soit avec un jus de citron ou un peu de vinaigre, quelques minutes suffisent pour les blanchir; retirez-les et mettez-les a rafraichir dans l'eau pour en enlever l'acidite; egouttez-les sur une serviette; decoupez-les en morceaux egaux; mettez votre consomme de poisson dans une soupiere, ajoutez-y vos morceaux de laitance et quelques cuillerees de petits pois blanchis d'avance, selon la quantite de personnes que vous servez.

Brunoise au Tapioca.

Preparez une petite brunoise comme il est indique, la laisser tomber un peu a glace; faites ensuite bouillir du consomme de legumes, dans lequel vous ajoutez du tapioca; lorsqu'il est assez cuit, versez-y votre brunoise et servez.

Potage Sagou aux Navets.

Choisissez des beaux navets: faites des petites boules avec une cuillere a legumes; blanchissez-les a l'eau de sel; les cuire ensuite avec un morceau de beurre, un petit morceau de sucre et un peu d'eau, mettez bouillir du consomme de racines et versez-y du sagou en remuant avec la cuiller; finissez de cuire sur un feu doux pendant vingt minutes; ajoutez-y vos petites boules de navets et servez.

Puree de Tomates a la Fermiere.

Prenez une douzaine de bonnes tomates fraiches et de belle couleur. Faites une petite mirepoix composee de carottes, oignons coupes en des, un peu de thym, laurier et persil; faites revenir le tout dans du beurre; lorsque votre mirepoix est assez revenue, mouillez-la avec un demi-verre de vin blanc sec, ajoutez-y vos tomates coupees en quatre; laissez cuire a petit feu et a couvert; apres cuisson, passez-le tout au tamis fin ou a l'etamine, de maniere que vous ayez une bonne puree et qu'elle soit de bon gout; finissez de mouiller avec du consomme de legumes et un morceau de beurre frais. Choisissez de petits oeufs que vous faites cuire mollets; servez-les dans la soupiere ou a part.

Julienne de Celeri aux Quenelles de Saumon.

Preparez en julienne trois ou quatre pieds de celeris bien blancs et tendres, faites cuire comme la julienne ordinaire et mouillez avec du consomme de poisson: d'un autre cote, preparez des petites quenelles de saumon que vous mettez en meme temps que la julienne dans la soupiere et servez.

Puree de Poireaux a la Creme.

Prenez une grosse botte de poireaux, choisissez le blanc que vous fendez en quatre sur leur longueur, les bien laver, les faire blanchir a l'eau de sel, les rafraichir, les eponger ensuite en les passant entre les mains comme pour les epinards. Mettez un morceau de beurre dans une casserole ainsi que vos poireaux blanchis. Mouillez-les avec du lait; les assaisonner et les cuire a petit feu; lorsque vous voyez que les poireaux sont assez cuits, ajoutez-y un tiers de bonne bechamel, passez le tout a l'etamine et finissez votre potage avec un bon morceau de beurre fin, un verre de bonne creme et une liaison de deux ou trois jaunes d'oeuf; en meme temps, l'on peut egalement envoyer sur serviette des petits croutons frits au beurre.

Puree de Marrons a la Creme.

Choisissez de beaux marrons que vous emondez de leurs ecorces a l'eau bouillante; faites-les cuire ensuite dans du lait. Lorsque vous voyez qu'ils sont assez cuits, pilez-les et passez cette puree a l'etamine, en y ajoutant, de temps a autre, quelques cuillerees de lait bouillant pour en faciliter le passage a l'etamine; ajoutez-y un bon morceau de beurre, une pincee de sucre, un demi-litre de creme fraiche. Vannez votre potage au bain-marie, et servez des petits croutons de pain frits, a part, dresses sur une serviette.

Potage aux Moules a la Marseillaise.

Dans mon dernier passage a Marseille, j'ai mange plusieurs mets que je ne connaissais pas. Le chef de l'etablissement a bien voulu m'en donner les recettes.

Choisissez de belles moules bien fraiches, les bien nettoyer et les faire pocher a couvert; d'une autre part, coupez le blanc de plusieurs poireaux de la longueur de deux centimetres, les faire revenir dans de la bonne huile d'olive et un peu de beurre. Lorsque vos poireaux sont bien revenus, mouillez-les avec de l'eau, assaisonnez de bon gout, laissez mijoter quelque temps afin que les poireaux soient completement cuits. Melez-y du gros vermicelle egalement. Lorsque le vermicelle est assez poche, versez-y vos moules, faites au dernier moment une petite liaison d'un verre de creme et un peu de jus de moules, finissez avec un bon morceau de beurre frais et servez bien chaud.

[Gravure 03.png]

II

SOUPES SIMPLES

Soupe aux Legumes.

Choisissez des legumes bien frais tels que carottes, navets, poireaux, oignons, et quelques feuilles de choux, coupez tous ces legumes de la meme grosseur, pas trop gros cependant, mettez un bon morceau de beurre dans une casserole ainsi que vos legumes, faites-leur prendre couleur en les remuant avec une cuiller de bois; lorsqu'ils sont un peu colores, couvrez-les avec de l'eau, un peu de sel, faites cuire a couvert de maniere que l'arome des legumes soit concentre; lorsque les legumes sont cuits, ajoutez-y du bouillon de legumes si vous en avez, ou de l'eau si vous n'en avez pas; goutez si

la soupe est bonne, mettez quelques tranches de pain a potage dans
la soupiere et servez.

Soupe de Poireaux au lait.

Prenez une dizaine de poireaux epluches, nettoyez-les, les ciseler
en rondelles, les mettre dans une casserole avec un bon morceau de
beurre pour les faire revenir d'une belle couleur blonde; mouillez-
les avec moitie eau et lait, y mettre du sel et un peu de poivre; faites
bouillir jusqu'a cuisson terminee; goutez si la soupe est de bon gout
et servez.

Soupe de Poireaux aux Pommes de terre.

Coupez en rondelles quelques pommes de terre que vous ajoutez
aux poireaux apres cuisson; passez les poireaux et les pommes de
terre dans une passoire apres les avoir egouttes; avec la cuisson,
mouillez votre puree en la delayant; ajoutez un peu de lait et d'eau
si elle etait par trop epaisse et servez.

Soupe a l'Oseille.

Epluchez, lavez une bonne poignee d'oseille, ciselez-la un peu;
mettez un bon morceau de beurre dans une casserole sur le feu,
ajoutez-y votre oseille, tournez-la quelques minutes, le temps de la
laisser fondre, ajoutez-y un peu de farine, tournez le tout ensemble
deux ou trois minutes; mouillez votre soupe avec de l'eau, la saler
de bon gout; coupez de petites rondelles dans un pain a potage que
vous mettez dans la soupiere; trempez en y ajoutant une petite liaison de deux ou trois jaunes delayes avec un peu de creme ou de lait;
servez.

Soupe au Pourpier a l'Oseille.

Prenez une poignee de pourpier et d'oseille que vous lavez a
grande eau apres l'avoir epluchee; la ciseler et la mettre dans une
casserole avec un bon morceau de beurre; mettez sur le feu et tour-

nez avec une cuiller de bois pendant quelques minutes, ajoutez-y un peu de farine en remuant; mouillez votre soupe avec de l'eau, la saler; au premier bouillon, retirez-la sur le coin du feu; taillez quelques rondelles de pain que vous mettrez dans la soupiere, versez votre soupe dessus et servez; comme la precedente, elle peut avoir une liaison de deux ou trois jaunes.

Soupe aux Herbes.

Cette soupe est faite comme la soupe a l'oseille, l'on y ajoute une petite chiffonnade de laitue et une petite peluche de cerfeuil.

Soupe a l'Oseille a la Creme.

Faites comme pour la soupe a l'oseille; lorsque la soupe est trempee, vous y ajoutez un pot de bonne creme et un morceau de beurre frais que vous vannez dans la soupiere une seconde.

Soupe a l'Oseille au Vermicelle.

Faites comme precedemment; au lieu de pain, vous faites pocher du vermicelle dans le potage pendant qu'il est en ebullition et vous servez ensuite.

Soupe d'Orties blanches au lait.

Prenez une bonne poignee de jeunes orties blanches epluchees et lavees; hachez-les grossierement, mettez-les dans une casserole avec un bon morceau de beurre sur le feu comme pour une soupe a l'oseille; la mouiller avec du lait bouillant; salez legerement, faites cuire doucement sur le coin du fourneau; preparez le pain dans la soupiere, versez-y votre soupe, couvrez la soupiere et servez.

Soupe a l'Oignon.

Coupez en lames quatre ou cinq beaux oignons, mettez-les dans une casserole avec un bon morceau de beurre, faites prendre une belle couleur a l'oignon sans le bruler, ajoutez-y une cuilleree de farine, laissez cuire la farine en tournant avec une cuiller de bois; mouillez avec de l'eau; assaisonnez et laissez cuire sur le coin du fourneau; goutez si elle est de bon gout et servez.

Soupe a l'Oignon au Lait.

Faites comme pour la soupe a l'oignon, seulement l'on remplace l'eau par du lait.

Soupe a l'Oignon au Fromage.

Lorsque votre soupe a l'oignon est terminee, mettez dans votre soupiere un lit de pain coupe, un lit d'escalopes de fromage de Gruyere coupe tres mince, un second lit de pain ainsi qu'un dernier lit de fromage, une bonne pincee de poivre, un morceau de beurre frais; lorsque votre soupe est prete, versez dans votre soupiere et couvrez-la de maniere que votre fromage ait le temps de fondre.

Soupe a l'Oignon au Gratin.

Cette soupe est, sans contredit, la meilleure soupe a l'oignon, elle a ete surnommee la *Soupe a l'Ivrogne*; aussi, a la sortie des bals masques, l'hiver, tous les etablissements affichent-ils en gros caracteres, sur leur devanture: Soupe a l'oignon ici de minuit a 2 heures. Cette soupe ne differe pas beaucoup de l'autre, excepte que pour la faire gratiner, l'on prend en guise de soupiere un plat creux a legumes, de maniere que tous les convives puissent avoir un peu de gratin; il ne faut pas menager le fromage et le poivre; lorsque votre soupe est trempee, laissez-la gratiner au four et servez ensuite.

Soupe a l'Oignon et Pommes de terre.

Mettez deux ou trois cuillerees de puree de pommes de terre delayee dans votre soupe et servez.

Soupe a l'Oignon au Macaroni.

Faites comme la soupe a l'oignon; cassez du Macaroni de 2 centimetres de longueur que vous faites pocher dans votre soupe.

Soupe a l'Oignon aux Haricots blancs.

Mouillez votre soupe a l'oignon avec du bouillon de haricots blancs et versez deux ou trois cuillerees de haricots blancs dans votre soupe lorsque vous la trempez.

Soupe a l'Oignon aux Lentilles.

Faites de meme que pour les haricots, trempez et servez.

Soupe a l'Oignon au Riz ou au Vermicelle.

Garnissez votre soupe soit de riz ou de vermicelle au lieu de pain.

Soupe aux Choux maigre.

Prenez un beau chou ou deux, enlevez les grosses cotes; apres avoir bien lave les feuilles, les essuyer sur un linge, mettre quelques feuilles les unes sur les autres et les ciseler tres fines comme de la julienne; mettez un bon morceau de beurre dans une casserole sur le feu; mettez-y vos choux ciseles ainsi qu'un ou deux oignons ciseles egalement; remuez vos choux avec une cuillere de bois jusqu'a ce que vos choux fondent un peu et qu'ils commencent a se colorer; mouillez ensuite a couvert avec de l'eau ou du bouillon de legumes si vous en avez sous la main; faites partir sur le feu jusqu'a ebullition, couvrir votre casserole en la retirant sur le cote du feu ou sur des cendres chaudes; il est preferable de la finir de cuire dans le four; lorsque vous voyez que les choux sont bien cuits, retirez-la du four et mouillez-la encore si toutefois elle etait par trop reduite; la laisser mijoter sur le coin du fourneau jusqu'au moment de la tremper.

Soupe aux petits Navets glaces.

Taillez des navets en toute petite pousse d'ail, faites-les sauter dans un plat a sauter avec un bon morceau de beurre et une cuilleree de sucre en poudre; lorsque vos navets sont d'une belle couleur, mouillez-les avec du bouillon de legumes ou de l'eau si vous n'en avez pas; laissez-les cuire a couvert, soit au four, soit sur la cendre rouge; lorsque vos navets sont bien cuits, mettez-les dans une petite casserole au bain-marie; goutez votre soupe de consomme de legumes, versez vos petits navets dans la soupiere, le potage par-dessus, et servez avec quelques tranches de pain.

Panade au Beurre.

Cette soupe est, sans contredit, la plus ancienne soupe que l'on connaisse et la plus economique dans un menage; elle est tres bonne lorsqu'elle est bien faite; en tous cas, elle ne demande pas beaucoup d'attention serieuse. Prenez environ une livre de croutes de pain que vous mettez dans une casserole; couvrez ces croutes avec de l'eau, laissez-les tremper quelque temps de maniere que le pain ait le temps de se gonfler; mettez-la ensuite sur le feu avec un morceau de beurre, du sel, un peu de poivre; laissez cuire tres doucement de maniere qu'elle n'attache pas a la casserole; lorsqu'elle est bien cuite, remuez-la avec une cuiller de bois pour bien meler le pain de maniere qu'il n'y ait pas de grumeaux; ajoutez un morceau de beurre frais que vous melez a la cuiller et servez.

Panade au Lait.

Faites comme la panade au beurre, seulement mouillez avec du lait.

Panade a la Creme aigre.

Faites comme pour la panade au beurre, seulement, au dernier moment, deux minutes avant de servir, melez a votre soupe un bon verre de creme aigre et un morceau de beurre.

III

LES PUREES

Les potages en puree jouent un grand role dans la cuisine; il y en a a l'infini, aussi bien au gras qu'au maigre; je vais vous en faire une nomenclature assez nombreuse pour que vous puissiez en avoir le choix. Nous commencerons donc par les purees de legumes avec ou sans garniture.

Puree de Legumes.

Choisissez des legumes bien frais tels que carottes, navets, celeri, un peu de chou, une laitue, le blanc de deux poireaux, un ou deux oignons; emincez ces legumes le plus fin possible, passez-les dans une casserole avec un bon morceau de beurre en les remuant avec une cuiller de bois, de maniere que les legumes fondent un peu; mouillez ensuite avec de l'eau bien a couvert et faites partir sur le feu jusqu'a ebullition; salez un peu et mettez en meme temps un petit morceau de sucre pour enlever l'acrete des legumes: couvrez votre casserole et poussez-la au four ou sur le coin du fourneau; lorsque les legumes sont assez cuits, egouttez-les dans une passoire en conservant la cuisson; passez les legumes au tamis fin ou sim-plement dans une passoire; ajoutez a cette puree le bouillon, un morceau de beurre en la tournant sur le feu: mettez quelques tranches de pain dans la soupiere, versez votre potage dessus et servez.

Puree Crecy au Riz.

Choisissez des belles carottes bien rouges dites Crecy, ce sont les meilleures pour ces sortes de potages; emincez-les tres fines, les faire revenir avec un morceau de beurre dans une casserole sur le feu; lorsque les carottes sont bien revenues, mouillez-les avec du bouillon de legumes ou de l'eau; ajoutez un petit bouquet garni d'un peu de thym, de laurier et deux oignons, du sel, un morceau de sucre et quelques tranches de pain a potage; lorsque les carottes sont cuites, passez-les a l'etamine ou au tamis fin, mettez cette puree dans une casserole et mouillez-la avec son bouillon; mettez-la sur le feu en la tournant avec une cuillere jusqu'a ebullition, retirez-la du feu et placez-la sur le coin du fourneau ou sur des cendres rouges de maniere a la laisser mijoter; d'un autre cote, faites cuire un peu de riz a l'eau et au beurre pour vous servir de garniture; versez votre puree ainsi que votre riz dans la soupiere et servez.

Puree de Carottes Crecy aux Croutons.

Faites comme la precedente, finissez-la egalement de meme; ajoutez des petits croutons de pain de mie passes dans le beurre et servis a part sur serviette.

Ce potage peut se donner egalement avec les garnitures de pate d'Italie, vermicelle, macaroni, petits pois, haricots verts, chiffonnade, etc.

Potage puree de Potiron aux Croutons.

Ce potage est excellent lorsqu'il est bien fait; il faut, pour cela, choisir un bon potiron a chair ferme, il y en a de plusieurs sortes et de plusieurs qualites; prenez les plus petits, tel que le Giromon ou le Bonnet turc, qui est encore preferable, sa chair est tres ferme et a plus d'arome; coupez-le en tranches, l'eplucher et le couper par petites parties, les mettre dans une casserole avec un morceau de beurre et le couvrir d'eau; mettez, votre casserole sur le feu, salez un peu et laissez, cuire a couvert; ajoutez-y un morceau de sucre; lorsque votre potiron est assez cuit, egouttez-le et passez-le au tamis fin en y ajoutant un peu de bechamel; remettez votre puree dans une casserole ainsi que le fonds de la cuisson.

Quelques minutes avant de servir, ajoutez-y un demi-litre de creme ainsi qu'un morceau de beurre fin; vannez votre potage, servez en meme temps des petits croutons passes au beurre a part sur une serviette.

Puree de Potiron au Riz.

Cette puree est la meme que la precedente; en place de croutons, faites blanchir un peu de riz que vous finissez de cuire dans du lait a grand mouillement; ensuite, egouttez et versez votre riz dans le potage; l'on peut egalement meler a cette puree vermicelle, pates, petites quenelles de pommes de terre, etc.

Puree de Pois verts aux Croutons.

Prenez deux ou trois litres de pois verts frais ecosses, mettez-les a cuire dans une casserole ou vous ajouterez un oignon cisele, une carotte, une petite laitue, un morceau de beurre, sel, poivre, et un morceau de sucre; couvrez le tout avec de l'eau et faites cuire; lorsque vos pois sont assez cuits, les egoutter, les piler et passer a l'etamine ou au tamis fin; remettez cette puree dans une casserole et mouillez-la avec la cuisson; si elle etait par trop epaisse, ajoutez-y un peu de bouillon de legumes ou de l'eau simplement; tournez-la sur le feu jusqu'a ebullition; l'ecumer. Deux minutes avant le service, la vanner en lui ajoutant un bon morceau de beurre fin; mettez-la dans la soupiere, servez en meme temps des petits croutons de pain frits dans le beurre et servis a part sur une serviette.

Puree de Pois au Riz.

Faites comme pour la precedente; seulement, faites blanchir du riz a l'eau de sel que vous egouttez et tenir a couvert a l'etuve; au moment de servir votre potage, vous mettez deux ou trois cuillerees de riz dans votre puree en servant.

Puree de Pois verts aux Pointes d'Asperges.

Faites une puree de pois verts comme les precedentes; ajoutez une garniture de pointes d'asperges que vous aurez blanchies et rafraichies. Au moment du service, jetez, vos pointes dans votre puree en donnant un coup de cuiller legerement et servez.

Puree de Pois verts a la Chiffonnade.

Lorsque votre puree est dans la soupiere, ajoutez-y une petite chiffonnade composee d'un peu d'oseille, de laitue et cerfeuil blanchis d'avance et servez.

Puree de Pois verts a la Creme.

Faites une puree comme la precedente; au moment de servir, ajoutez-y une liaison de deux ou trois jaunes d'oeufs, un bon verre de creme double ainsi qu'un morceau de beurre fin; vannez votre potage et servez.

Puree de Navets au Riz.

Choisissez des beaux navets bien tendres et fermes sans etre creux, les eplucher et les couper en lames fines, faites-en assez pour pouvoir en avoir une puree assez consistante; mettez un morceau de beurre dans une casserole, les navets coupes, une poignee de sucre et un bon morceau de beurre ainsi qu'une demi-livre de mie de pain a potage, un peu de sel, un oignon blanc cisele; mouillez le tout avec de l'eau a couvert, faites cuire a feu doux. Apres cuisson, egouttez-les et passez-les a l'etamine; mettez votre puree dans une casserole ainsi que le fond de la cuisson; tournez votre puree sur le feu jusqu'a ebullition, retirez-la ensuite sur le cote de maniere qu'elle mijote un peu; ecumez votre puree et finissez-la en lui incorporant un morceau de beurre frais en la vannant, ainsi qu'un verre de creme; versez votre puree dans la soupiere, ajoutez-y quelques cuillerees de riz blanchi a point.

Puree de Lentilles aux Croutons.

Epluchez et lavez un litre de lentilles que vous cuisez dans une casserole avec de l'eau, du sel, une carotte, un oignon ainsi qu'un bouquet garni et un peu de cerfeuil; ajoutez-y un peu de mie de pain a potage; lorsque la cuisson est terminee, egouttez les lentilles, les passer au tamis fin ou a l'etamine. Mettez votre puree dans une casserole en y ajoutant un bon morceau de beurre; mouillez la puree avec sa cuisson et un peu de consomme de legumes, tournez-la sur le feu jusqu'a ebullition, laissez-la ensuite mijoter quelque temps sur le coin du fourneau; au moment de servir, ajoutez-y un morceau de beurre frais, vannez votre potage et versez dans la soupiere; servez en meme temps des petits croutons frits dans le beurre et servis a part sur une serviette.

Puree de Lentilles au Riz.

De meme que pour la precedente, servez du riz dans la soupiere au moment ou vous versez votre puree dans la soupiere.

Puree de Lentilles au Tapioca.

Lorsque vous faites votre puree de lentilles, faites comme la precedente, excepte d'y mettre de la mie de pain pour la cuisson; lorsque votre puree est passee au tamis fin, remettez-la dans une casserole et la laisser un peu claire; aussitot l'ebullition, mettez-y un peu de tapioca en remuant avec la cuillere, cela donnera a votre potage une liaison transparente et de bon gout; finissez-la avec un bon morceau de beurre frais et servez.

Puree de Lentilles aux Pates d'Italie.
Puree de Lentilles a la Chiffonnade.
Puree de Lentilles au Celeri.
Puree de Lentilles aux Pointes d'Asperges.

Tous ces potages peuvent etre garnis a l'infini. Comme toutes les purees de legumes sont sur la meme base et du meme travail, il n'y a aucun inconvenient de donner a l'une ou l'autre les memes garnitures, cela fait changer la carte de l'ordinaire. C'est seulement pour demontrer ce que l'on peut faire avec les purees de legumes que nous avons sous la main.

Puree de Haricots blancs aux Oignons.

Preparez votre puree comme les purees de lentilles; au dernier moment, passez un oignon coupe en petits des dans du beurre jusqu'a ce que l'oignon soit bien blond; mouillez-le et laissez-le cuire quelque temps en le mouillant avec du bouillon de vos haricots; ajoutez votre oignon, lorsqu'il est cuit, a votre puree, ainsi qu'un bon morceau de beurre frais; vannez votre puree et servez.

Puree de Celeri a la Creme.

Le celeri est un des legumes qui demande beaucoup de soins, surtout comme potage ou puree; il faut toujours qu'il soit lie avec autre chose, car lorsque le celeri est cuit dans les regles, surtout au maigre, et passe ensuite au tamis fin ou a l'etamine, la puree a l'air d'etre de la neige mi-fondue; c'est pour cela que nous avons recours aux liaisons cuites et etendues ainsi qu'aux liaisons cremeuses et de jaunes d'oeufs; ces dernieres ne se font qu'au dernier moment et sans ebullition. Prenez des beaux pieds de celeri bien tendres et bien blancs, lavez-les a plusieurs eaux, ensuite les couper en petits morceaux. Mettre un bon morceau de beurre dans une casserole, y ajouter vos celeris coupes, les tourner quelque temps sur le feu avec une cuillere de bois, les mouiller ensuite a couvert, soit avec de l'eau ou du bouillon blanc de legumes, les assaisonner, les faire cuire a feu doux de maniere qu'ils se fondent; l'on peut egalement y joindre une ou deux pommes de terre; lorsque vos celeris sont cuits, egouttez-les et passez-les au tamis fin; mettez cette puree dans une casserole ainsi que sa cuisson et ajoutez-y moitie de bonne bechamel cremeuse; donnez au tout un coup de fouet et faites partir de nouveau sur le feu en tournant votre puree avec une cuillere de bois jusqu'a ebullition: laissez ensuite sur le coin du fourneau, ecumez-la, incorporez-lui un bon morceau de beurre et un verre de creme en la vannant; lorsque vous voyez qu'elle est assez liee, versez-la dans la soupiere; accompagnez de petits croutons passes au beurre servis a part sur serviette.

[Gravure 04.png: SERVICE EN FAIENCE DE LACHENAL (Service de table de Mme

Sarah Bernhardt).]

DEUXIEME PARTIE

ENTREES ET RELEVES

Soles au Beurre.

Prenez deux moyennes soles, les nettoyer et essuyer. Beurrez un plat dit a gratin et placez vos soles bien a plat. Garnissez le dessus des soles de bon beurre frais, salez, poivrez legerement et poussez-les au four. Arrosez-les de temps en temps, jusqu'a leur cuisson terminee. Si c'est un plat d'argent, l'on peut les envoyer dans le plat meme, comme pour soles au gratin.

Queues de Homard au Gratin.

Ayez deux homards moyens, ou trois ou quatre, selon les convives. S'ils sont cuits, les fendre dans toute leur longueur, en enlever soigneusement les chairs sans rien perdre, les couper en petits des et les mettre dans une petite casserole; ensuite, parez les queues de homard (les bien nettoyer bien egales), et avec tout le reste des carapaces, faites un bon beurre de homard pour meler a votre sauce bechamel bien beurree, assaisonnez de bon gout, y ajouter deux ou trois jaunes d'oeufs pour lier la sauce, y meler vos petits des et laisser refroidir. Lorsque le tout est froid, emplir les queues de homard que vous avez appretees, en leur donnant la forme bombee; les saupoudrer de chapelure et les pousser au four en les arrosant avec du beurre fondu; les servir bien chaudes sur une serviette avec un joli bouquet de persil frit.

Eperlans frits.

Choisissez de beaux eperlans a peu pres egaux, les bien essuyer, les passer dans du lait, les fariner, ensuite, les paner a l'Anglaise et les frire dans une bonne friture bien chaude, les saler en sortant de la friture; servir sur serviette avec bouquet de persil frit et envoyer une sauciere de sauce anchois a part.

Darne de Saumon.

Prenez un beau morceau de saumon pour la quantite de personnes que vous avez a servir, le bien nettoyer et le mettre cuire a l'eau bouillante salee et un peu acidulee de vinaigre, pas par trop, cela le ferait blanchir. Le mettre a pocher sans bouillir. Au premier bouillon, vous devez le retirer sur le cote du feu, afin qu'il poche doucement. Preparez votre plat garni d'une serviette et preparez du persil frais pour le garnir. Egouttez votre poisson une minute et placez-le au milieu de votre plat, avec garniture de persil frais. Envoyez-le avec une sauciere de sauce Genevoise. (Voyez sauce Genevoise, chapitre sauces.)

Saumon braise sauce Saltibot.

Nettoyez un moyen saumon frais, le mettre dans une poissonniere bien beurree et foncee de carotte, oignon, thym, laurier et persil, quelques clous de girofle; le mouiller a moitie avec du Sauterne et une essence tiree d'un homard, le couvrir d'un papier beurre, le faire partir et le pousser au four en l'arrosant de temps en temps, jusqu'a sa cuisson terminee. Preparez, d'une autre part, un petit roux leger pour lier la cuisson du saumon lorsqu'il aura ete bien degraisse, y ajouter un bon verre de creme double, passer la sauce a la mousseline, la bien beurrer en la vannant au bain-marie. Dresser et envoyer le saumon et la sauce a part.

Merlans au Gratin.

Choisissez des merlans moyens, bien frais, que vous nettoyez et essuyez promptement, beurrez un plat a gratin grassement, couchez-les dans votre plat, salez, poivrez et mouillez a demi-couvert avec du vin blanc de Chablis; faites-les partir sur le four-neau et couvert d'un papier beurre; une minute apres, retournez-les; ayez un peu de roux pour lier la cuisson ainsi qu'une demi-livre de champignons bien frais, que vous hachez et que vous melez a votre sauce; nappez vos merlans avec votre sauce, saupoudrez d'un peu de chapelure et quelques petites parcelles de beurre fin, poussez-les au four assez chaud, pour qu'ils puissent gratiner. L'on peut egale-ment mettre autour du plat des champignons entiers et les napper egalement comme les poissons, cela est facultatif.

Vol-au-Vent de Macaroni aux Truffes.

Faites blanchir du macaroni de moyenne grosseur, le rafraichir et l'egoutter sur une serviette ou un torchon propre; coupez les maca-ronis de quatre centimetres de longueur. Faites une bechamel bien beurree et cremeuse, reduite dans un plat a sauter; mettez-y votre macaroni et quelques lames de truffes, un quart de fromage de parmesan rape et un peu de gruyere. Emplissez une croute de vol-au-vent que vous aurez fait d'avance et tenue au chaud. Servez. Ayez soin, toutefois, que la garniture soit bien assaisonnee.

Creme de Homard a la Royale.

Prenez un ou deux homards crus, retirez-en toutes les chairs, que vous pilez, tout en conservant un peu de corail pour votre sauce. Lorsque les chairs sont bien pilees, passez le tout au tamis fin, as-saisonnez de bon gout, melez les deux tiers de son poids avec de la creme fouettee, beurrez un moule a pain et emplissez votre moule que vous mettez a pocher a l'eau bouillante, en arretant l'ebullition comme la quenelle. Lorsque votre creme est pochee, demoulez sur un plat et nappez-le avec une bonne sauce cremeuse au beurre de homard; mettez aussi dans le puits un ragout de truffes escaloppees et des crevettes coupees en deux et servez.

Filets de Soles a la Cendrillon.

Prenez de moyennes soles, enlevez les filets et parez-les de leur peau nerveuse; ensuite battez-les legerement afin de les rendre plus souples a leur cuisson, ployez chaque filet de maniere a en former une petite pantoufle, en garnissant le creux avec un petit tampon de pate a detrempe afin que chaque filet puisse pocher sans se deform- er. Lorsqu'ils sont poches, les laisser refroidir, enlever les tampons, les chaud-froiter a la mayonnaise a l'aspic, ensuite garnir l'interieur des petites pantoufles d'une petite salade de legumes et les dresser en turban sur un fond de riz et croutonne de gelee, et sur le milieu vous pouvez y mettre un sujet en stearine representant une petite femme echevelee.

Petites Bouchees aux Huitres.

Faites pocher trois douzaines d'huitres ou plus, selon la quantite que vous devez avoir a servir; egouttez-les sans perdre leur cuisson; faites avec la cuisson et un peu de lait une bonne bechamel cremeuse et beurree; separez le corps dur des huitres pour ne garder que la noix que vous coupez en deux ou trois; melez-y votre sauce et un peu de macis; emplissez vos petites croutes de bouchees que vous aurez preparees d'avance et servez sur serviette.

Medaillons de Truite a la Gelee.

Choisissez une truite moyenne; desossez-la sans la briser, enlevez egalement la peau, battez-la legerement sur la table, de maniere qu'elle soit carree longue; d'un autre cote, coupez et blanchissez une petite brunoise de legumes, composee de carottes, navets et haricots verts; bien egoutter ces legumes apres les avoir blanchis: couvrez votre truite avec ces legumes et roulez-la sur elle-meme, de maniere a en former un petit roule; emballez-la avec une feuille de papier beurre; la pocher ensuite sans beaucoup de mouillement, un peu de vin dans le fond afin de la faire pocher; lorsqu'elle est pochee, lais- sez-la refroidir, deballez-la de son papier, coupez-la ensuite en ron- delles, comme une galantine, placez ces rondelles sur un gril et glacez-les avec de la gelee de poisson mi-prise; ayez aussi une petite salade de legumes que vous dressez en dome au milieu d'un plat;

dressez-y vos petits medaillons autour et croutonnez de gelee et envoyez.

Petits Pates chauds de Crevettes.

Foncez des petits moules dits a pates chauds, ou des moules a dariole si vous n'avez pas les premiers, emplissez-les de riz et cuisez-les de belle couleur; ayez des crevettes epluchees que vous coupez en deux parties; faites une sauce hollandaise bien cremeuse, dans laquelle vous introduisez un beurre de crevette; melez-y vos crevettes et emplissez vos petits moules de croute de pate et servez sur serviette.

Croquettes de ris de tortue a l'Indienne.

Dans la tortue se trouve deux parties que l'on nomme ris. Lorsque vous avez une tortue a cuire, vous conservez ces deux parties dans la cuisson, pour vous en servir dans un moment donne, pour entree maigre. Coupez donc ces deux parties en petits des et faites-en un appareil a croquette, comme il est indique pour la volaille; prenez un morceau d'oignon d'Espagne que vous ciselez tres fin, passez-le au beurre, ajoutez-y une petite cuillere de curry en poudre et un peu de farine pour lier la sauce; mouillez le tout avec du lait comme pour la bechamel; lorsque la sauce est bien reduite, ajoutez-y quelques jaunes d'oeufs, melez-y votre salpicon de tortue, faites refroidir votre appareil pour eu faire des croquettes; quelques moments avant de servir, les paner a l'Anglaise, les frire a bonne friture, servir sur serviette avec un bouquet de persil frit.

Petites Sarcelles sous la cendre.

Prenez de petites sarcelles, nettoyez-les et les envelopper de pate a detremper, les cuire sous la cendre bien chaude avec un peu de feu dessus; apres cuisson les deballer de leur pate, les dresser et envoyer une sauciere de creme aigre a part, et une petite salade de laitue.

Coquilles de Homard au Gratin.

Prenez deux homards cuits dont vous retirez la carapace; coupez les chairs en petits des; mettez un peu de bechamel dans un plat a sauter, allongez la sauce avec un peu de creme et finissez avec un beurre de homard et un peu de muscade ou de macis; melez-y votre salpicon de homard, emplissez de petites coquilles Saint-Jacques, en les saupoudrant legerement de chapelure et les arroser avec un peu de beurre fondu; les pousser au four, qu'elles soient de belle couleur, et les servir sur serviette.

Timbale d'Ecrevisses a la Madelon.

Beurrez et decorez un moule a timbale avec de la pate a nouilles, foncez-le ensuite et le remplir soit avec de la farine ou du riz pour la cuire, de maniere que vous ayez une belle croute a timbale et la laisser a l'etuve.

D'un autre cote, prenez cinq ou six douzaines de belles ecrevisses que vous nettoyez a l'eau fraiche; marquez dans une casserole une bonne mirepoix que vous faites revenir avec un bon morceau de beurre, mouillez-la avec du bon vin vieux de Chablis, mettez-y vos ecrevisses, les bien assaisonner et les cuire a couvert; lorsqu'elles sont cuites, separer les queues, les eplucher et les couper en deux selon leur grosseur, que vous placez dans un bain-marie; pilez ensuite toutes les carapaces et les passer dans une etamine a deux cuilleres. Melez-y le fond de vos ecrevisses et quatre ou cinq cuillerees de bonne sauce a poisson bien reduite, vannez le tout ensemble au fouet en la beurrant par petite quantite a la fois, finissez avec de la bonne creme; melez-y les queues et servez votre timbale bien chaude.

Cromesquis de Merlans a l'Anglaise.

Prenez un ou deux gros merlans bien frais, enlevez-en les filets que vous faites pocher au four; les laisser ensuite refroidir, pour les couper en petits des; ayez de la sauce a poisson que vous faites reduire et lier a la creme et quelques jaunes. Mettez-y votre salpicon de merlan et laissez encore refroidir cet appareil sur glace. Ensuite, formez-en des croquettes plates; au moment de servir, ayez votre friture chaude, trempez vos croquettes dans la pate a frire et laissez-les frire de maniere que les cromesquis soient de belle couleur. Servez en buisson sur serviette et accompagne d'un petit bouquet de persil frit.

Vol-au-vent de Gnochis.

Faites un peu de pate a choux au sel, deux onces de beurre dans une moyenne casserole, avec trois onces d'eau, une pincee de sel; lorsque le tout est en ebullition ajoutez trois onces de farine tamisee, remuer avec une cuillere deux ou trois minutes et retirez-la du feu, mettez-y un oeuf toujours en battant la pate, en ajouter un second si vous voyez que votre pate est trop ferme, ajoutez encore un peu d'oeuf, ensuite, melez a cette pate deux onces de parmesan rape et une pointe de caprica; faites-en des petites quenelles que vous pochez a l'eau bouillante: les egoutter et les mettre dans une bonne sauce bechamel bien beurree et cremeuse. (Voyez sauce Bechamel, chapitre sauces.) Tenez votre croute de vol-au-vent au chaud et servir chaudement.

Timbale de Gnochis aux Tomates.

Beurrez un moule a Charlotte ou timbale, decorez-le avec de la pate a nouille, selon votre gout, ensuite foncez votre moule avec de la pate a foncer, apres avoir mouille votre decor avec un pinceau, afin que le decor prenne sur la pate; garnissez votre moule avec un rond de papier dans le fond et une bande de papier circulaire interi-eurement, garnissez, votre moule de riz ou de farine ordinaire, cou-vrir votre timbale, la dorer et la cuire a bon four; apres cuisson, en enlever le couvercle avec la pointe d'un couteau, vider son contenu proprement en y passant le pinceau, la mettre a l'etuve secher. Pre-parez d'un autre cote une pate a choux commune, sans sucre, mais un peu de sel; melez a votre pate le quart de son volume de fromage de Gruyere et de parmesan rape; ayez une poche a patisserie garnie de sa douille ainsi qu'une casserole d'eau bouillante, mettez la pate dans la poche et poussez sur le bord de la casserole la pate en ayant soin de couper de votre autre main de petites quenelles longues d'un centimetre, chaque morceau coupe tombe a l'eau bouillante et se poche en meme temps. Lorsque tout est termine, ajoutez vos petites quenelles que vous liez avec une bonne bechamel beurree et cremeuse, emplissez votre timbale, saupoudrez-la encore d'un peu de parmesan rape et servez bien chaud.

Macaroni au Gratin.

Faites blanchir du macaroni de moyenne grandeur, l'egoutter, le lier avec une bonne bechamel cremeuse et beurree, le dresser sur un plat a gratin en alternant du fromage de parmesan rape, sel, poivre, un peu de muscade, couvrir d'un peu de chapelure et d'un peu de beurre fondu, le pousser au four lorsqu'il est d'une belle couleur, servez le plat sur serviette.

Cassolettes de Nouilles a la Piemontaise.

Foncez des petits moules a croustade ordinaire et conservez-les au sec lorsqu'elles sont cuites; au moment du diner, garnissez-les avec des nouilles a la creme et au fromage; deux minutes au four et servez sur serviette le tout bien chaud. *(Voir le dessin. – Supplement)*.

Timbale de Spagetti a la Florentine.

Foncer une timbale et la garnir avec du spagetti a la creme et lie au parmesan; dans le milieu, vous y mettez des petites tranches de tomate, coupees comme des quartiers d'orange, pas plus gros; bien assaisonner couvrir la timbale, et pousser au four pour une bonne demi-heure.

Salade italienne.

Faites blanchir des legumes, pousses a la colonne ou a la cuillere a legume, de la grosseur d'un gros pois, tels que carottes, navets, des pommes de terre cuites d'avance, des haricots verts coupes de la meme grosseur, petits pois et des choux-fleurs, blanchir tous ces legumes a part, les rafraichir et les egoutter sur une serviette; prenez les trois quarts de ces legumes que vous assaisonnez ensemble: sel, poivre, huile et vinaigre a l'estragon, placez ces legumes dans un saladier en en formant une pyramide avec le reste des legumes. Garnissez le dessus en les placant symetriquement par rang de chaque sorte jusqu'au sommet: terminez le sommet soit avec une petite botte de pointes d'asperges ou un bouquet de choux-fleurs, lorsque vous en avez le temps.

Truite froide sauce Tartare.

Faites cuire une moyenne truite a l'eau de sel, la cuire la veille si cela vous est possible, afin qu'elle se trouve froide pour le dejeuner, la servir sur un plat long, en enlever la peau de dessus sans la briser, l'entourer de petits coeurs de laitues et la servir en la faisant accompagner d'une sauciere de sauce tartare.

Langouste a la Vinaigrette.

Ce plat est des plus simples et est un des plus appetissants. Choisissez une langouste bien fraiche; cuite et refroidie, coupez-la par la moitie sur sa longueur, faites apres une division de trois morceaux par chaque moitie, brisez les pattes egalement et placez tous ces morceaux en buisson sur un plat entoure de persil. Servez en meme temps une sauce vinaigrette.

Salade russe.

La salade russe est une salade de legumes comme la salade italienne, soit que les legumes soient coupes en petit de ou en long, en carre, en losange, peu importe. La seule chose qui differe de l'italienne, c'est que dans la salade russe l'on y met aussi des filets du harengs coupes, des anchois, de la pomme de rainette et un concombre sale d'avance (agoursis), un peu de fenouil et d'estragon hache, assaisonnez la salade et dressez-la dans un saladier. L'on peut egalement la decorer, comme la salade italienne, avec des legumes et de la betterave ayant marine dans le vinaigre.

Oeufs de Pluvier a la Gelee.

Quand la saison des oeufs de pluviers et vanneaux donne, c'est tres bon pour la cuisine. C'est un mets des plus delicat et forme des entrees magnifiques soit pour dejeuner, diner et meme les bals les mieux servis. On les sert sous plusieurs formes de dressage, soit au naturel, cuits dur, en petit panier fleuri, en nid, en aspic, en mongolfiere, a la gelee, etc.

Choisissez des oeufs de pluvier frais, faites-les cuire dur, les rafraichir, les ecaler, les essuyer et les mettre a la glace; d'une autre part, ayez de la gelee aspic mi-prise, chemisez un moule a bordure sur la glace, placez vos oeufs la pointe en bas en les soutenant bien droits en mettant un peu de coeur de laitue entre chaque. Lorsque les oeufs se tiennent debout, finissez, de remplir votre bordure de gelee et laissez-les a la glace jusqu'au moment du service: pendant ce temps, preparez une petite salade de legumes que vous mettez dans le puits lorsque votre bordure sera demoulee sur plat.

Petites truites de lac grillees sauce Remoulade.

Choisissez, une demi-douzaine de petites truites bien fraiches, les nettoyer, les passer a l'huile, les saler et les griller sur un feu de braise clair, les dresser sur serviette et servir avec une sauciere de sauce remoulade. (Voyez sauce.)

Ecrevisses a la Royat.

Choisissez de belles ecrevisses, faites une Mirepoix que vous passez au beurre, sans oublier une ou deux gousses d'ail. Lorsque votre Mirepoix est passee, mouillez avec une demi-bouteille de Haut-Chablis et un verre de vieux Cognac, mettez-y vos ecrevisses et une douzaine de grains de poivre ainsi qu'un peu de paprika. Lorsque vos ecrevisses sont assez cuites, egouttez-les, dressez-les en buisson, passez la cuisson que vous envoyez dans une sauciere a part.

Sarcelles a la Polonaise.

Videz et troussez de jolies sarcelles comme pour rotir en en sup-primant les pattes, faites une pate a detrempe a l'eau et sel, emplis-sez vos sarcelles de beurre, couvrez-les de pate partout de maniere qu'elles soient renfermees et que la pate soit bien soudee, cuisez-les sous la cendre ou dans le four si vous n'avez pas de feu de bois — sous la cendre est bien plus preferable — lorsque vos sarcelles sont cuites, deballez-les de la pate et dressez-les sur de la mie de pain passee au beurre noisette, ainsi que des quartiers de citron epepines.

Filets de Barbue a la Moneret.

Levez les filets d'une barbue bien en chair et fraiche, les parer dans une forme de cotelette droite, beurrez un plat a sauter et placez vos filets, les assaisonner de bon gout, les couvrir d'un rond de papier de cuisine beurre, les pocher une demi-heure avant le service, faites d'avance un petit rizot au parmesan pour mettre dans le fond du plat ou vous devez dresser vos filets de barbue, dressez en couronne sur le riz et nappez-les avec une sauce de fond de pois-son au vin blanc reduite que vous aurez faite avec la tete et les de-bris de votre barbue; semez un peu de parmesan, un peu de chape-lure et un peu de beurre fondu par-dessus, poussez votre plat au four chaud quelques minutes et servez.

Salade de Celeris a la Dijonnaise.

Prenez deux beaux pieds de celeris bien blanc et tendre, enlevez les parties filandreuses, les couper en julienne tres fine ainsi que quelques lames de concombres coupees egalement en julienne; mettez dans un saladier deux ou trois cuillerees de bonne moutarde de Dijon, sel, poivre, et une pincee de paprika par le moyen d'une cuillere de bois ou un fouet a blanc d'oeuf; montez cette sauce comme une mayonnaise avec de l'huile de noix et tres peu de vinai-gre, un soupcon d'ail. Lorsque votre sauce est assez montee, ajoutez-y une bonne cuilleree de jus de verjus; mettez-y votre celeri et servez. Cette salade doit se faire un peu d'avance afin que le celeri soit plus tendre et qu'il prenne mieux son assaisonnement.

Raie au beurre noir.

Quoique ce mets est connu de tout le monde, il n'est pas moins bon pour un dejeuner, surtout lorsque la raie est fraiche et que le beurre est bon. Choisissez un beau morceau de raie bien fraiche, le cuire a l'eau de sel comme pour les poissons bouillis. Lorsque la raie est pochee, l'egoutter sur un linge pour en extraire l'eau qui resterait. Dressez votre raie sur un plat, faites un beurre noir dans la poele jetez une petite pluche de persil frais et bien egoutte dans le beurre afin que le persil soit bien frit, versez votre beurre noir sur la raie, passez un petit filet de vinaigre dans la poele chaude, arrosez-en la raie et servez.

Filets de Sole a la Jouvencienne.

Levez les filets de deux ou trois soles, selon le nombre de personnes que vous avez a dejeuner, les enerver, les battre, de maniere que les filets soient tres minces et larges; assaisonnez-les et ployez-les en portefeuille, c'est-a-dire rapportez les deux extremites vers le centre et les reployer encore une fois en deux, afin que les filets ainsi ployes restent dans une forme carree comme un coussin, faites-les pocher selon les regles avec un peu de Chablis, les couvrir d'un papier beurre.

D'un autre cote, faites cuire au beurre de jolies petites tomates dont vous aurez enleve la peau. Il faut observer que les tomates doivent etre plus petites que vos filets, afin qu'elles ne les depassent pas au dressage.

Dressez a plat vos filets, avec une petite tomate sur chacun, et envoyez une sauciere de sauce tomate.

Filets de Perche a l'Italienne.

Levez les filets de plusieurs perches, beurrez un plat a sauter, placez-y vos filets de perche, les assaisonner de bon gout, les mouiller avec un bon verre de vin blanc de Chablis, les couvrir d'un rond de papier beurre, les pocher au four en ayant soin de les arroser pendant leur cuisson, les egoutter ensuite, les dresser en couronne et les napper ensuite avec une bonne sauce italienne maigre se composant d'une sauce poisson au vin reduite, dans laquelle vous lui incorporez deux ou trois cuillerees de Duxelle et un bon morceau de beurre frais.

Darne de Truite a la Moscovite.

Coupez une moyenne truite en petites darnes ou troncons, pochez-les a l'eau de sel et laissez-les refroidir; les egoutter, les essuyer avec un linge propre, les napper avec de la gelee de poisson mi-prise, dans laquelle vous aurez mis une petite julienne de concombres crus, dressez vos troncons sur le plat, entourez d'une petite salade de concombres et de legumes, envoyez en meme temps une sauciere de mayonnaise, montee a la creme fouettee.

Rougets Grondins au Beurre.

Choisissez de moyens Grondins bien trais, essuyez-les apres les avoir nettoyes, beurrez un plat long, placez-y vos Grondins, assaisonnez-les de bon gout, arrosez-les de beurre fondu, coupez quelques rouelles d'oignon, quelques lames de carotte, un peu de persil, une branche de thym et laurier, couvrez vos Grondins et faites-les partir au four en ayant soin de les arroser souvent; lorsqu'ils sont cuits, debarrassez-les des legumes. Dressez-les sur un plat en les arrosant d'un peu de beurre fondu.

Paupiettes de Sole a la Mazarine.

[Gravure 05.png]

Levez les filets de deux soles assez epaisses apres les avoir depouillees avec un couteau tres mince, enlevez encore l'epiderme qui se trouve entre la peau et la chair, coupez vos filets en deux, de maniere a en former deux paupiettes, tenez-les tres minces en les battant avec une petite batte a cotelette, les parer ensuite de la meme longueur, de la meme largeur; ensuite, faites avec des pommes de terre crues des bouchons de la grosseur d'un bouchon a Champagne. Beurrez un plat a sauter, assaisonnez vos filets et placez-les autour de vos bouchons. Mettez une petite bande de papier beurre autour pour les serrer, placez-les dans un plat a sauter les uns contre les autres, couvrez-les d'un rond de papier beurre, les pocher a demi, c'est-a-dire qu'ils soient assez fermes pour pouvoir se tenir debout lorsqu'ils sont refroidis. Retirer les bouchons et les bandes de papier.

Cela doit former une petite timbale bien blanche, emplissez-la avec un appareil de homard tres leger et bien colore avec une poche, de maniere a en former un petit cone par-dessus, comme le dessin le demontre, les pocher cinq minutes avant le service. Les dresser sur bordure, les saucer legerement avec une sauce au vin blanc, cremeuse, et emplir le puits de petites pommes de terre en boule au beurre frais.

Rougets gratines a la Napolitaine.

Choisissez six beaux rougets bien frais; les nettoyer et les essuyer avec un linge; les faire mariner quelques minutes dans de l'huile d'olive; ensuite beurrez un plat a gratin en y ajoutant une cuillere d'huile d'olive; placez-y vos rougets cote a cote; les assaisonner de haut gout, les mouiller a moitie de leur hauteur de bon vin de Chablis, les couvrir d'un papier beurre, les faire partir sur le fourneau. Deux minutes apres, les retourner d'un autre cote; ayez une sauce a poisson au vin blanc, reduite, ajoutez-y deux ou trois cuilleres de puree de tomate et deux cuilleres de Duxelle; allongez cette sauce avec une partie de la cuisson des rougets; nappez-les avec cette sauce: passez par-dessus un peu de chapelure et quelques petits morceaux de beurre de place en place; poussez-les au four quelques minutes afin qu'ils finissent de cuire et de gratiner; lorsqu'ils sont de belle couleur, servez avec le plat meme, mis sur un autre.

Vol-au-vent de Turbot a la Bechamel.

Lorsque vous avez un turbot entier pour votre diner, il est tres rare qu'il n'en revienne pas au moins un tiers. C'est le cas de donner le reste le lendemain pour votre dejeuner, soit dans un gratin ou dans un vol-au-vent; dans tous les cas, l'on prendrait une tete de turbot, il y a assez pour former la garniture d'un vol-au-vent; separez les chairs de votre turbot cuit, par petites parties que vous mettez dans une bonne sauce bechamel, bien beurree et cremeuse, ajoutez-y quelques champignons et quelques queues d'ecrevisses; ayez une belle croute de vol-au-vent, cuite d'avance, garnissez-la de votre ragout et servez bien chaud.

Cotelettes de Homard a la Rosselin.

Prenez un homard assez gros cuit; enlevez les chairs de la carapace, les couper en petits des; faites avec le corail un beurre de homard que vous melez a une sauce Bechamel bien beurree et cremeuse assaisonnee de bon gout; y ajouter deux ou trois jaunes d'oeuf pour lier la sauce; y meler les des de homard et quelques truffes coupees egalement en des; laisser refroidir cet appareil pour etre distribue en petites parties egales comme pour croquette, seulement il faut leur donner la forme de cotelette, de la grosseur d'une cotelette d'agneau; les passer a la mie de pain fraiche et les frire d'une belle couleur; mettez au bout de chaque cotelette un petit morceau des petites pattes pour faire le manche de la cotelette; dressez-les sur serviette avec un bouquet de persil frit dans le centre.

Friture d'Anguille.

Choisissez de petites anguilles bien fraiches, les depouiller, les couper par petits troncons de six centimetres, les passer a la farine pour les secher, ensuite a l'oeuf battu et a la mie de pain fraiche, les frire de belle couleur, les dresser sur serviette avec un petit bouquet de persil frit. Servez en meme temps une sauciere de sauce tartare bien assaisonnee.

Friture de Goujons.

Prenez des goujons bien frais, les vider, les laver et les essuyer, les passer dans un peu de lait, ensuite les passer a la farine. Ayez une friture bien chaude, les plonger par petites quantites, de maniere qu'ils soient bien frits et croustillants, servez sur serviette apres les avoir assaisonnes, placer dessus un bouquet de persil frit et envoyez des quartiers de citron epepine sur une assiette a part.

Turban de filet de Sole aux Truffes.

Choisissez deux ou trois belles soles moyennes et epaisses, levez-en les filets, les enerver, les aplatir legerement, de sorte qu'a la cuisson ils ne se derangent pas trop: d'un autre cote, faites un peu de farce avec du merlan ainsi qu'avec les parures de vos soles pour emplir un petit moule a pain de gibier; pochez votre pain et laissez-le un peu refroidir, demoulez lorsqu'il est froid, mettez-lui encore un peu de farce autour pour pouvoir appuyer vos filets de sole, coupez vos filets par le milieu, dressez-les autour de votre pain, a cheval les uns sur les autres, de maniere que le bout le plus large soit au pied du pain, et le bout qui est en pointe aille s'assujettir dans le puits du pain, assaisonnez et mettez autour des bandes de papier beurre et assez serrees pour que les filets ne se derangent pas a la cuisson, les pocher doucement, soit dans une braisiere a couvert ou au four, et les arroser d'un peu de vin blanc; lorsqu'ils sont completement poches, dressez-les et saucez-les avec une bonne sauce de poisson que vous aurez preparee avec les carcasses, mettez ensuite dans le puits un petit ragout de lames de truffes.

Matelote de Carpe a la Bourguignonne.

Choisissez deux belles carpes vivantes, les nettoyer et les vider, les couper ensuite en troncons d'egale grosseur, les mettre ensuite dans un chaudron en cuivre non etame, couvrir les troncons avec du vin vieux de Bourgogne, saler, poivrer, un bon bouquet de persil garni, quatre ou cinq gousses d'ail sans etre epluchees et un bon verre de vieux cognac; cuire le tout sur un feu ardent, sur un feu de cheminee si cela vous est possible, comme a la campagne, de maniere que la flamme mette le feu elle-meme a la matelotte, la retirer ensuite du feu lorsqu'elle subit dix minutes d'ebullition; d'un autre cote, preparez des petits oignons glaces, des champignons qui doivent vous servir de garniture, ainsi que quelques belles ecrevisses et des petits croutons passes au beurre; retirez les troncons de carpe, liez le fond avec un beurre manie a la farine, y remettre vos troncons apres avoir passe la sauce, y ajouter un bon morceau de beurre fin en tournant legerement. Dressez vos troncons en buisson, en mettant les plus beaux dessus, en garnir le tour avec les petits oignons et champignons, saucez par-dessus et placez vos ecrevisses ainsi que les croutons et servez.

Soles frites a la Nantaise.

Choisissez deux ou trois soles epaisses, dans la moyenne grosseur, les nettoyer et en enlever les peaux ainsi que la tete, les ebarber tres courtes, les tendre sur le dos presque sur toute la longueur, passer la lame du couteau de chaque cote en suivant l'arete, de maniere a en degager les filets, enlever l'arete du milieu, passez la sole a l'oeuf apres l'avoir passee a la farine, la frire a friture chaude, l'egoutter sur un linge, remplir le vide avec un beurre manie maitre d'hotel dans lequel vous y ajoutez un beurre d'anchois et une cuillere de Duxelle, refermez la sole et accompagnez de quartiers de citron.

Cotelettes de Turbot a la Varsovienne.

Prenez un morceau de turbot assez epais en chair pour pouvoir en faire des filets que vous coupez en forme de cotelette; avec les parures, faites-en une farce comme il a ete indique. Lorsque tous vos filets sont coupes et pares, montez votre farce et garnissez-en vos filets dessus et dessous, les paner ensuite, les former en cotelette, les ranger dans un sautoir ou vous avez mis du beurre clarifie. Au moment de servir, sautez-les a feu vif pour leur donner une belle couleur et poussez-les au four pour les finir de pocher, egouttez-les ensuite et dressez en couronne sur une petite bordure; dans le puits, servez-y un petit ragout de champignons et de truffes, queues d'ecrevisses, avec une sauce reduite et finie avec un bon morceau de beurre et de la creme aigre.

Morue sauce aux Huitres.

Faites dessaler dans l'eau fraiche un morceau du filet de morue assez epais et carre pendant deux jours, en ayant soin de changer l'eau trois ou quatre fois par jour. Lorsqu'elle est bien dessalee et bien blanche, faites-la cuire a l'eau de sel; au premier bouillon, retirez du feu et laissez-la pocher doucement; d'une autre part, faites pocher trois douzaines d'huitres, les egoutter, en retirer les noix que vous coupez en deux, faites une petite bechamel serree, dans laquelle vous incorporez la cuisson des huitres, beurrez-la, mettez-y vos huitres dans une sauciere.

Egouttez votre morue, la servir sur serviette entouree de persil frais, servez en meme temps dans une soupiere a legumes ou un legumier des pommes de terre nouvelles cuites a l'eau et passez au beurre ensuite, ainsi qu'une pincee de persil hache.

Alose grillee a l'Oseille.

Choisissez une belle alose bien fraiche, la nettoyer et l'essuyer, la ciseler legerement en travers des deux cotes, l'arroser d'huile, l'assaisonner de bon gout, la mettre griller sur un feu de braise de maniere qu'elle cuise doucement et qu'elle soit de belle couleur; faites fondre un morceau de beurre frais pour l'arroser lorsqu'elle sera dressee, servez en meme temps un plat d'oseille a part.

Moules a la Poulette.

Choisissez des moules bien fraiches, les nettoyer a grande eau, de maniere qu'il ne reste plus de chevelure apres les coquilles, les faire cuire dans une casserole couverte, sur un bon feu, quelques minutes suffisent; les egoutter, les enlever de leur coquille, lier la cuisson avec un bon morceau de beurre manie et un verre de creme, y mettre vos moules; ajoutez-y un peu de persil hache et servez.

Maquereaux grilles maitre d'hotel.

Nettoyez et essuyez des moyens maquereaux, fendez les sur le dos, de la tete a la queue sur toute la longueur, assaisonnez-les et les imbiber legerement d'huile d'olive, placez-les sur le gril, sur un bon feu de braise. Faites a part une maitre d'hotel de beurre, persil hache, ainsi qu'un demi-jus de citron. Manier ensemble; lorsque vos maquereaux sont grilles, garnissez-les de votre maitre d'hotel, refermez-les ensuite et envoyez, sur un plat long bien chaud.

Harengs frais sauce Moutarde.

Choisissez de beaux harengs laites et bien frais, les nettoyer et essuyer, les ciseler legerement sur le travers en diagonale, les passer un peu dans l'huile, les faire griller sur un feu vif, les servir avec une sauce au beurre bien beurree dans laquelle vous aurez incorpore deux bonnes cuillerees de moutarde a l'estragon.

Huitres de Cancale au Chablis.

Ouvrez une demi-douzaine d'huitres par personne et plus si vous le voyez a propos; placez les huitres sur chaque assiette avec un quartier de citron epepine; ayez en meme temps une ou deux echalottes hachees bien fines que vous passez a l'eau dans le coin d'une serviette. Faites une petite sauce composee de vinaigre seulement, de mignonnette d'echalottes hachees, servez dans une sauciere en meme temps que les huitres et de petites tranches de pain de seigle tres minces et beurrees.

Darne de Saumon froid a la Ravigote.

Prenez une darne du milieu d'un saumon, cuisez-la a l'eau de sel connue il est indique, la laisser refroidir dans sa cuisson, l'egoutter, l'essuyer; placez votre saumon sur un plat, en enlever la peau de dessus, l'entourer avec des coeurs de laitue sans etre assaisonnes, nappez votre saumon legerement de sauce mayonnaise et servez en meme temps une sauciere de sauce ravigote composee comme suit: melez a votre mayonnaise une cuilleree de moutarde, une cuilleree de sauce d'anchois, des fines herbes hachees tres fines, telles que estragon, cerfeuil, ciboulettes, pimprenelles, une bonne cuilleree de capres, quelques cornichons haches et une pointe de Cayenne.

Filets de Sole a la Fontange.

[Gravure 06.png]

Levez les filets de deux ou trois belles soles bien fraiches, les aplatir apres les avoir enervees, les ployer en deux et les placer dans un plat a sauter beurre, les saler, poivrer; mouillez-les legerement avec un peu de vin blanc, les couvrir d'un papier beurre, les faire pocher au four. D'un autre cote, faites cuire de petites tomates au beurre, que vous aurez epluchees a l'avance; dressez vos filets de sole en mettant une petite tomate sur chacun d'eux. Envoyez a part une sauciere de sauce tomate bien assaisonnee.

Rougets grilles maitre d'hotel.

Choisissez de beaux rougets bien frais. Nettoyez-les avec un linge, ciselez en travers, arrosez-les d'huile d'olive, salez et poivrez-les, les ranger sur un gril, les faire cuire doucement sur la braise, preparez une maitre d'hotel, mettez-en un peu dans le fond du plat, dressez vos rougets dessus, couvrez-les avec le reste de la maitre d'hotel qui vous reste, et servez.

Gratin de Turbot a la Duchesse.

Prenez une tete de turbot un peu largement, faites-la cuire a l'eau de sel, separez, apres cuisson, toute la chair des os, soit avec une fourchette ou une cuillere; faites, avec une puree de pommes de terre un peu ferme, une bordure sur un plat, assez haute pour contenir les debris de votre poisson. Mettez dans le milieu de votre bordure quelques cuilleres de bechamel melee a un peu de parmesan rape. Mettez un lit de votre poisson, alternez comme cela jusqu'a la hauteur de la bordure, de maniere que celle-ci depasse un peu le poisson. Semez dessus un peu de chapelure melee de parmesan rape, arrosez de beurre fondu, dorez la bordure et poussez au four. Lorsque vous voyez qu'il est de belle couleur, servez.

Tranches de Saumon grillees a la Tartare.

Prenez dans le milieu d'un saumon deux ou trois tranches de 2 centimetres d'epaisseur, selon le nombre de personnes que vous avez pour dejeuner; arrosez les tranches de bonne huile d'olive apres les avoir assaisonnees de bon gout, les faire griller a petit feu, de maniere que les deux cotes ne soient pas trop surpris par la grillade. Apres cuisson, dressez vos tranches a cheval sur un plat long; accompagnez ce plat d'une sauciere de sauce tartare.

Sole au Vin blanc.

Choisissez une belle sole fraiche et epaisse. Nettoyez-la, beurrez un plat a gratin assez large pour la contenir: posez-y votre sole et mouillez-la a couvert de vin blanc de Chablis, assaisonnez de bon gout et faites partir sur le feu; quelques minutes suffisent, retournez la sole et laissez mijoter un bon quart d'heure, l'egoutter. Lier la cuisson avec un bon morceau de beurre manie et un peu de jus de champignon. Mettre votre sole sur un plat et la napper avec la sauce en servant.

Langouste a la Parisienne.

Choisissez une moyenne langouste cuite et bien fraiche, faites une incision en dessous de la queue tout autour pour en enlever les chairs sans brider la carapace et vider egalement le dedans du corps que vous mettrez de cote. Coupez la queue en belles lames minces sans les briser, les mettre dans un plat: assaisonnez de sel, poivre, huile et vinaigre, sans les deformer, placez la carapace de la langouste sur un pain de mie taille en biais et beurre, de maniere que le morceau soit plus haut d'un cote que de l'autre pour faciliter le dressage de la langouste, la tete plus elevee que la queue; garnissez le tour de votre langouste avec une salade de legumes dressee symetriquement et avec gout: placez ensuite vos lames de langouste a cheval les unes sur les autres sur la queue. Mettez un bon bouquet de salade en tete et servez une sauciere de mayonnaise a part.

Bar sauce aux Capres.

Faites cuire un beau bar frais (et nettoye d'avance) a l'eau de sel, comme il est indique pour le turbot; servez, entoure de persil frais, et envoyez, a part, une sauciere de sauce aux capres bien cremeuse.

Darne de Saumon sauce Genevoise.

Choisissez un morceau d'un milieu de saumon, faites le cuire a l'eau de sel, un oignon et un bon bouquet garni. Lorsqu'il est poche, dressez sur serviette entouree de persil frais. Envoyez avec une sauciere de sauce genevoise au maigre.

Sauce Genevoise au Maigre.

Passez au beurre une petite mirepois de carottes, celeri, oignons, champignons coupes en des; singez avec un peu de farine et mouillez avec du vieux vin de Bourgogne, laissez reduire a petit feu, mouillez encore avec du bon fond de poisson; passez le tout a l'etamine et terminez avec un bon morceau de beurre frais, en ayant soin de vanner votre sauce jusqu'au moment de servir.

Filets de Maquereaux Maitre d'Hotel.

Levez les filets de plusieurs maquereaux bien frais, les parer; huilez un plafond d'office et rangez-les dessus; les assaisonner et les couvrir d'un papier beurre: les pousser a four chaud, de maniere qu'ils pochent vivement; les servir sur un plat; faire pocher les laitances a part et les mettre ensuite sur les filets dresses; les napper avec une sauce maitre d'hotel et servez.

Brochet farci aux Truffes.

Prenez un brochet de moyenne grandeur, que vous nettoyez et videz; le farcir avec une bonne farce a poisson, l'emballer ensuite avec une feuille de papier beurre, le faire cuire avec une bouteille de bon vin blanc; garnissez sa cuisson avec carotte, oignon, persil, thym et laurier; avoir soin de l'arroser souvent; lorsqu'il est cuit, prenez la sauce a poisson, passez-y votre cuisson dedans, faites reduire le tout, beurrez-la et ajoutez-y de belles lames de truffes et servez.

Filets de Turbot a la Creme.

Prenez un morceau de turbot assez epais, faites-en des filets bien egaux que vous rangez dans un plat a sauter beurre; les assaisonner de bon gout, les mouiller legerement avec du Chablis, les couvrir d'un papier beurre et les pousser au four pour les pocher; avec les parures, faites-en un peu de farce pour faire une bordure pour y dresser vos filets; d'un autre cote, faites une bonne bechamel bien cremeuse et bourree, ajoutez le fond de vos filets, dressez-les sur votre bordure et saucez par-dessus et envoyez.

Truites de lac au Beurre fondu.

Choisissez deux ou trois truites de lac bien fraiches, nettoyez et essuyez-les avec un linge, beurrez un plat ovale a gratin ou une plaque d'office, couchez-y vos truites, assaisonnez-les et les arroser de beurre fondu et poussez-les au four en ayant soin de les arroser souvent avec le beurre; lorsque vos truites sont cuites, dressez-les sur un plat sans les deformer, arrosez-les de beurre fondu et de leur fond de cuisson ainsi qu'un de persil hache et un jus de citron.

Cabillaud sauce aux Huitres.

Prenez un beau cabillaud bien frais, le nettoyer et le cuire a l'eau de sel, comme pour le turbot ou autre poisson semblable; l'egoutter ensuite; le dresser sur une serviette, entoure de persil frais.

D'un autre cote, ayez deux ou trois douzaines d'huitres que vous faites pocher, egouttez-les; retirez-en les noix que vous coupez en deux; faites une petite bechamel serree dans laquelle vous incorporez la cuisson des huitres; beurrez-la; mettez-y vos huitres et servez dans une sauciere.

Cabillaud sauce aux oeufs.

Choisissez un cabillaud de moyenne grosseur et bien frais, le nettoyer et le cuire a l'eau de sel sans le laisser bouillir; l'egoutter et le dresser sur un plat garni d'une serviette, et l'entourer de persil frais; faites cuire des oeufs durs, les nettoyer et les couper en petits des; les mettre au dernier moment dans une sauce bechamel beurree et cremeuse; envoyez cette sauce avec le poisson.

Truite sauce Crevettes.

Prenez une moyenne truite bien fraiche, nettoyez-la, faites-la cuire au court bouillon comme il est indique precedemment; servez votre truite sur serviette entouree de persil frais et envoyez une sauce crevette a part, composee d'une hollandaise et un beurre de crevettes au dernier moment, ainsi que les queues de crevettes coupees en deux et melees a la sauce.

[Gravure 07.png: STERLET SAUCE A LA CREME AIGRE]

Sterlet sauce a la Creme aigre.

Le sterlet est un poisson tres estime des gourmets et principalement en Russie, ou on le peche; cependant, il nous en arrive encore assez souvent sur nos marches, dans des caisses de glace. J'en ai servi a Nice, ainsi qu'a Paris et a Londres. La maison Potel et Chabot en recoit assez souvent, ainsi que les maisons Charles, Groves, etc., de Londres.

Prenez un petit sterlet, faites-le cuire au court bouillon et mouillez, avec une bonne bouteille de bon Chablis, un bon bouquet de *fenouille*, un oignon coupe en rondelles. Lorsqu'il est cuit, servez-le entoure de persil frais, faites une hollandaise dans laquelle vous y introduisez de la creme aigre et deux ou trois cuillerees de raifort rape, un demi-jus de citron et une petite pluche de fenouille blanchie *(Voir la gravure)*.

Cotelettes de Turbot a la Pojarski.

Prenez une ou deux livres de turbot, levez-en la chair, assaisonnez de bon gout: sel, poivre et muscade. Hachez le tout ensemble sur une planche de cuisine, en y ajoutant le tiers de son poids de beurre fin et de la creme double; formez-en, avec votre couteau ou d'un couteau a palette, de petites cotelettes que vous panez une premiere fois sans oeufs pour pouvoir les former plus aisement, panez a l'oeuf ensuite.

Lorsque vos cotelettes sont toutes formees, sautez-les dans du beurre clarifie, qu'elles soient de belle couleur; dressez-les sur bordure avec une garniture quelconque, soit une puree de pommes de terre legere, puree de celeris, champignons, etc., selon votre gout.

Cotelettes de Turbot Normande.

Prenez deux ou trois livres de turbot assez epais, faites-en des filets pour en former des cotelettes que vous placez dans un plat a sauter bien beurre, salez et poivrez, les mouiller avec un peu de Chablis, les couvrir d'un papier beurre, les faire pocher un moment avant de servir, les dresser sur bordure de farce et emplir le puits d'une garniture a la normande: petites quenelles, champignons, moules, huitres, truffes, etc., le tout sauce d'une bonne supreme de poisson, bien beurree et cremeuse.

Darne de Saumon sauce Mousseuse.

Prenez une belle tranche du milieu d'un saumon assez fort pour que votre darne soit d'une belle grosseur. Cuisez-la au court bouillon comme il est indique pour les poissons; la servir sur une serviette entouree de persil frais, et envoyer une sauciere de sauce mousseuse.

Matelotte d'Anguille a la Bourguignonne.

Prenez deux belles anguilles, depouillez-les de leur peau, les couper en troncons, les mettre ensuite dans un chaudron en cuivre sans etre etame, couvrir en troncons avec du vin vieux de Bourgogne, saler, poivrer, un bon bouquet de persil garni, trois ou quatre gousses d'ail et un bon verre de cognac; cuire a feu ardent, dix minutes d'ebullition, y mettre le feu afin que l'esprit-de-vin se degage, retirer ensuite la matelotte du feu. Preparez d'un autre cote de petits oignons glaces et de champignons qui doit vous servir de garniture ainsi que quelques ecrevisses et des petits croutons passes au beurre; retirez vos troncons d'anguille, liez le fond avec un beurre manie a la farine: y remettre vos troncons apres avoir passe la sauce, y ajouter un bon morceau de beurre en tournant legerement. Dressez vos troncons en buisson sur un plat, en garnir le tour avec les champignons et les petits oignons, saucez par-dessus, placez vos ecrevisses et servez.

Saumon a la Motovski.

Dans mon dernier voyage en Laponie, sur les bords de la riviere de Pasvik pres du lac Enara, j'ai vu servir ce mets qui, je vous l'assure, est tres bon. Je l'ai servi depuis lorsque j'etais a court de provision, car le poisson de toutes sortes ne manque pas dans la mer du Nord.

Recette.—Lorsque vous avez un bon morceau de saumon de reste de la veille, l'eplucher des aretes, le piler dans le mortier avec un bon morceau de beurre, sel, poivre et du persil hache. Ayez la moitie de son volume de pommes de terre cuites a l'eau, les piler ensemble grossierement, en faire un pain conique que vous dressez sur un plat a gratin, le lisser avec le couteau, l'arroser de beurre fondu, le pousser au four. Lorsqu'il est de bonne couleur, servez-le accompagne d'une bonne sauce hollandaise.

Rouget grille Maitre d'Hotel.

Choisissez de beaux rougets d'egale grosseur, les essuyer, leur faire de petites incisions transversales et les rouler dans un peu d'huile, les saler, poivrer, les griller, de maniere qu'ils soient cuits a point; preparez une bonne maitre d'hotel que vous mettez, sur le plat, dressez-y vos rougets, mettez encore un peu de maitre d'hotel dessus et servez.

Mousse de Homard a la Russe.

Prenez deux ou trois homards cuits, en enlever les chairs que vous pilez, avec un peu de sauce a poisson et l'interieur de la carapace; passez le tout au tamis fin et allongez cette puree avec un peu de supreme collee a la gelee de poisson, dans laquelle vous y aurez introduit un beurre de homard, de maniere que votre appareil soit d'une belle couleur; ajoutez-y de la creme fouettee et moulez dans un moule a pain, mettez ce moule a la glace jusqu'au moment de le demouler et entourez votre mousse d'une petite salade de tomate et de concombre.

Barbue sauce Hollandaise.

Choisissez une belle barbue bien fraiche, la nettoyer, la cuire a l'eau de sel et quelques gouttes de jus de citron, la faire pocher doucement, sans bouillir, sans quoi votre poisson se briserait (c'est tres facile: au premier bouillon, retirez-le du feu, il pochera doucement); il sera cremeux et ferme; au moment de le servir, egouttez-le et dressez sur un plat ou vous aurez prepare une serviette dans le fond du plat, garnissez-le de persil frais et envoyez une bonne sauce hollandaise a part. (Voyez sauce.)

Filet de Truite sauce Crevettes.

Prenez une belle truite bien fraiche, enlevez les filets et la peau, faites-en des filets comme des petites cotelettes, beurrez un plat a sauter et placez-y vos petits filets, arrosez-les avec du beurre fondu ou clarifie, couvrez-les d'un rond de papier beurre, faites-les pocher au four un quart d'heure avant de servir; lorsqu'ils sont poches, egouttez-les sur une serviette, dressez-les en couronne et saucez avec une sauce reduite ou vous y aurez introduit le fond de cuisson, un beurre de crevette et un morceau de beurre frais. Mettez dans le puits des crevettes epluchees et coupees en deux ou meme entieres.

(Jaune doree) ou Saint Pierre sauce Hollandaise.

Ce poisson se cuit comme le turbot ou la barbue, a l'eau de sel, en ayant soin, toutefois, de le laisser pocher tres doucement, sans cela ce poisson se deforme assez vite; servez sur serviette entouree de persil frais; envoyez une sauciere de sauce hollandaise avec. L'on peut egalement cuire ce poisson au four en l'arrosant de beurre pendant sa cuisson; lorsqu'il est cuit, vous y ajoutez un peu de persil hache a la cuisson.

Caisse de Laitance de carpe a la Louvois.

Passez un peu d'huile dans de petites caisses a souffler, les passer au four: foncez vos petites caisses avec un peu de sauce a poisson ou un peu de bechamel. Faites blanchir de belles laitances de carpe; les egoutter sur une serviette; emplissez vos petites caisses, ensuite les couvrir legerement de sauce pour les masquer seulement, poussez-les au four quelques minutes et servez sur serviette.

Crabe dresse a l'Anglaise.

[Gravure 08.png]

Choisissez un beau crabe; le cuire a l'eau de sel; lorsqu'il est froid, enlevez-lui les pattes, que vous mettez de cote, pour dresser; faites avec la pointe du couteau une incision circulaire sur la carapace inferieure, en enlever toutes les chairs dans une assiette, nettoyer la carapace videe, car c'est elle-meme qui doit recevoir la salade ainsi preparee; emiettez les chairs en julienne, ce qui se fait facilement; lorsque vous aurez termine, liez, le tout avec un peu de mayonnaise, un peu d'estragon et de cerfeuil hache, une petite pincee de caprica et assaisonnez, de bon gout; emplissez la carapace, bien la lisser en dome; avec les pattes, formez-en une couronne en les enfilant au bout l'une de l'autre; placez cette couronne sur une serviette et votre crabe dresse dessus, entourez egalement de persil frais en servant.

Petits Bugues frits au Beurre.

Ce poisson est beaucoup estime sur les cotes de la Mediterranee; sa chair est tres ferme et tres digeste. Prenez des bugues bien frais, les nettoyer et les essuyer avec un linge bien propre, les passer ensuite dans la farine pour en enlever l'humidite, les frire dans le beurre, les saler, les dresser en les arrosant avec du beurre fondu, un jus de citron et un peu de persil hache.

Langouste a la Grimaldi.

Choisissez trois ou quatre langoustes cuites, de moyenne grosseur, a peu pres egales; separez-en les queues du corps et enlevez la chair sans les briser, coupez les queues en rondelles de la meme grosseur, comme pour une mayonnaise. Mettre les rondelles dans un plat, les assaisonner avec sel, poivre, huile et vinaigre; laissez au frais ou sur la glace, ensuite videz les carapaces du corps, que vous nettoyez proprement, et les redresser avec les ciseaux, qu'elles soient bien droites et qu'elles puissent se tenir sur le milieu de votre plat, de maniere a en former un petit donjon. Prenez un moule a bordure, que vous emplissez avec une salade de legumes a la cuillere et legerement collee a l'aspic de poisson, que vous laissez au frais ou a la glace; faites un petit ragout de truffes, champignons, moules et huitres, que vous assaisonnez avec de la mayonnaise, pour emplir le puits de la bordure. Demoulez votre bordure sur un plat: emplir le puits avec votre petit ragout, dressez vos rondelles de langouste sur la bordure et mettez au milieu les trois carapaces appuyees les unes contre les autres; y mettre un cordon de gelee entre les parois avec un cornet; glacez les carapaces au pinceau et finir avec un petit bouquet de persil dessus.

Paupiettes de filets de Sole demi-deuil.

Levez les filets de plusieurs soles, les parer, les aplatir avec la batte en les conservant tous bien egal, de maniere qu'ils ne soient pas plus larges les uns que les autres. Ayez un peu de farce de poisson, soit faite avec les parures de vos soles ou avec un merlan, dans laquelle vous aurez mis un salpicon de truffes coupe en des; etendez vos filets sur un marbre, les uns contre les autres; masquez-les de votre farce, ensuite roulez-les en forme de boudin, que vous entourez d'une bande de papier beurre; placez-les les uns a cote des autres dans un plat a sauter, beurre, et les mouiller avec un demi-verre de vin blanc. Les couvrir d'un papier beurre et les faire pocher au four sans bouillir; lorsqu'ils sont poches, deballez-les et dressez en couronne avec une garniture de truffe emincee ou un salpicon d'ecrevisse; saucez avec une bonne hollandaise cremeuse.

Pain de Brochet a la Mariniere.

[Gravure 09.png]

Levez les chairs d'un moyen brochet bien frais, que vous pilez pour en faire une farce en y ajoutant le quart de son poids de beurre frais, un ou deux oeufs, selon la quantite que vous desirez; l'assaisonner de bon gout; meler a la farce deux ou trois cuillerees de bonne bechamel reduite et froide; passez le tout au tamis fin. D'un autre cote, beurrez un moule droit a cylindre, que vous decorez avec de la truffe, selon votre idee, finissez votre farce en la montant a la creme; l'essayer a l'eau bouillante avec une petite quenelle; emplir votre moule sans faire tomber votre decor; le pocher doucement, comme toutes les farces, sans le laisser bouillir. Faites avec la tete et les restes de parure de votre brochet un bon fond, mouille avec du vin blanc, qui vous servira pour votre sauce: cette sauce demande a etre bien beurree et cremeuse. Comme garniture, mettez champignons, truffes, moules et quelques petites quenelles a la cuillere; demoulez votre pain et mettez la garniture dans le puits et saucez.

Salade de Crevettes.

[Gravure 10.png]

Ayez de belles crevettes que nous appelons Bouquet, pour decorer. Ayez-en d'autres plus petites pour garnir vos petites croustades. D'un autre cote, faites cuire des oeufs durs, que vous laissez refroidir apres cuisson. Pendant ce temps, preparez une salade de legumes pour mettre dans le milieu de votre plat. Coupez vos oeufs, le dessus et le dessous, sans atteindre le jaune; les vider en faisant une entaille dans le milieu avec un coupe-pate a colonne, pas par trop profond, de maniere a en former une croustade, dont le fond est plein. Conservez bien le blanc et le jaune que vous en avez tires, vous les passerez separement sur un tamis en fer. D'un autre cote, epluchez vos petites crevettes que vous couperez en trois ou quatre, comme pour des bouchees. Ayez un fond de riz ou de pain pour dresser votre salade. Emplissez vos croustades d'oeufs avec votre salpicon de crevettes, que vous aurez assaisonne a l'avance avec un peu d'estragon et de cerfeuil haches et de mayonnaise, ensuite saupoudrez les uns avec du jaune d'oeuf, les autres avec du blanc, que vous avez passe au tamis. Placez votre salade de legumes au milieu du plat et dressez vos petites croustades garnies autour, en laissant un petit espace entre chaque pour y placer une belle crevette ebarbee seulement, dont la pointe de la tete est piquee dans le fond de riz et la queue en arriere, touchant la salade de legumes. Croutonnez les bords du plat avec de la belle gelee et envoyez.

Ce plat peut se donner pour un bal et est d'un joli effet.

Turban de Merlans a la Beaumont.

[Gravure 11.png]

Levez les filets d'une douzaine de merlans de meme grosseur; avec les parures, faites une petite farce a poisson, comme l'indique (farce a poisson); prenez un dome cylindre, le beurrer et l'emplir de farce a poisson, le pocher a l'eau bouillante et le demouler; placez vos filets de merlans a cheval les uns sur les autres, a egale distance, sur votre pain, qui doit etre refroidi et un peu garni de farce de poisson; pour soutenir vos filets, les entourer avec des bandes de papier beurre et faire pocher votre turban, doucement, au four. D'un autre cote, vous preparez une petite garniture de queues d'ecrevisses, pour mettre dans le puits de votre turban, et saucez avec une sauce cremeuse au beurre d'ecrevisse.

Boudins de Merlan a la Meuniere.

Levez les chairs de plusieurs merlans pour en faire de la farce, comme il est indique pour les farces a poisson. Beurrez des moules a boudin et decorez-les avec de la truffe, seulement sur un cote du moule, de maniere que, lorsqu'ils seront dresses en couronnes, l'on puisse voir le decor. D'un autre cote, ayez un peu de sauce a poisson, bien reduite, avec un salpicon de truffes, de champignons haches, que vous mettez sur la glace pour que vous puissiez en former de petites parties aplaties pour mettre a l'interieur de vos boudins. Lorsque votre farce est terminee, emplissez vos moules a moitie, posez une petite boulette aplatie sur votre farce et finissez d'emplir le moule en ayant soin de lisser la farce avec la lame d'un couteau; les ranger dans un plat a sauter et faire pocher a l'eau bouillante: ensuite les demouler sur une serviette pour les egoutter, les dresser en couronne, soit sur une petite bordure ou a meme le plat; envoyez a part une sauciere de sauce de poisson bien beurree et cremeuse, en verser un peu autour de votre entree, sans la napper, ce qui couvrirait votre decor.

Vol-au-vent a la Bechamel.

Faites une belle croute de vol-au-vent bien legere a l'avance pour mettre la garniture ainsi composee: Faites avec plusieurs merlans un peu de farce a quenelle comme il est indique pour la farce a quenelle; faites de petites quenelles a la cuillere a cafe; les pocher et les egoutter; ayez en meme temps quelques moules et huitres blanchies ainsi que des champignons et truffes coupees en lames, ce qui doit composer la garniture de votre vol-au-vent; mouillez cette garniture avec une bonne bechamel bien cremeuse et beurree; conservez cette garniture au bain-marie jusqu'au moment de servir votre vol-au-vent.

Medaillons de Truite a la Chency.

[Gravure 12.png]

Prenez une truite bien fraiche et d'une moyenne grosseur (de 30 a 35 centimetres) de longueur, et que les chairs soient d'une belle couleur.

Enlevez, la tete, fendez la truite sur toute sa longueur sous le ventre, lui enlever les aretes ainsi que la peau, avoir bien soin dans cette operation de ne pas briser les chairs, l'aplatir doucement avec une batte legere, afin que la truite forme un carre long, comme pour en faire une galantine, l'assaisonner de sel et poivre.

D'un autre cote, preparez des carottes, navets, haricots verts, et un peu de racine de persil, que vous coupez en petits des comme pour une brunoise, faire blanchir ces legumes a l'eau de sel, separement, les rafraichir, lorsqu'ils sont prets, les mettre ensemble sur une serviette afin qu'il n'y ait plus d'eau, ensuite vous etalez les legumes sur votre truite correctement; bien a plat, roulez votre truite en boudin sur toute sa longueur, de maniere que la truite apres cuisson ne soit pas plus grosse de diametre qu'une piece de cinq francs.

L'emballer dans un papier beurre, la mettre dans une petite poissonniere ou une braisiere, avec un demi-verre de vin de Chablis; la faire pocher a four sensible, lorsqu'elle est pochee, la faire refroidir, ensuite la deballer, la decouper par tranches de un centimetre et demi d'epaisseur, et que les tranches soient toutes bien egales, les masquer avec de la gelee que vous aurez prepare d'avance avec la tete et les debris parures de votre truite.

Dressez les medaillons en couronne autour d'une petite salade russe, et envoyez une sauce ravigote a part.

Ce plat, dresse sur croustade de riz, peut etre servi dans les soupers du bal ou pour un dejeuner.

Le Vra.

Dans mon recent voyage a Cherbourg, j'ai visite le marche aux poissons qui merite toute l'attention d'un homme du metier. Il y a des sortes de poissons qui sont assez rares sur la place de Paris; toutes les couleurs y sont reproduites.

Il y a le vra verdatre, jaune ou rouge tigre, il y en a de toutes les grosseurs; j'en ai vu pecher par des jeunes garcons sur la digue, cela m'avait l'air assez facile a prendre.

A l'hotel de France, ou nous etions descendus, l'on nous en fit manger. Ce poisson est excellent frit, il rappelle un peu le merlan, seulement il est plus large de corps et la chair plus ferme.

Lorsque ce poisson est bien nettoye et essuye, le passer simplement dans du lait, ensuite a la farine et le frire a friture bien chaude; le dresser en buisson avec du persil frit et des quartiers de citron.

On peut egalement employer sa chair pour quenelles ou boudins, soit pour garnitures ou pour entrees maigres.

Vras frits.

Prenez des petits vras. Bien les nettoyer, les essuyer, les tremper dans du lait, ensuite les passer dans la farine et les plonger a friture chaude, les dresser en buisson avec persil frit et quartiers de citron.

Vra farci roti.

Prenez un vra d'une bonne grosseur; le nettoyer, le fendre d'un cote du ventre et lui enlever toutes les aretes. D'un autre cote, prenez la chair de plusieurs vras pour en faire de la farce composee comme suit: prenez un quart de livre de mie de pain fait a l'eau de mer que vous imbibez dans du lait et pressez-le dans un linge; ensuite, pilez une demi-livre de chair de vra que vous assaisonnez de bon gout, joignez-y votre mie de pain et passez au tamis, y ajouter quelques fines herbes hachees et farcir votre poisson; l'envelopper d'un papier beurre et le pousser au four assez chaud, a moitie cuisson l'arroser avec un verre de cidre et un bon morceau de beurre et le servir, apres cuisson terminee, avec le fond.

L'Alose sans arete.

C'est dans le mois de mai que parait l'alose, c'est le poisson du printemps, l'on mange l'alose presque toujours grillee ou cuite au four, il est bien preferable de la manger sans arete, surtout lorsque l'on a du temps a soi.

J'ai vu servir l'alose sans arete maintes fois, et tous les convives l'ont trouvee excellente.

Alose a la Beaulieu.

Prenez une belle alose pas trop grosse; bien la nettoyer, la saler interieurement et l'emballer dans un linge tres propre. Foncez une petite braisiere avec quelques rondelles de carottes, un oignon entier et un bouquet garni, y coucher votre alose et la mouiller avec un bon verre de cognac et un bon verre de Chablis, la couvrir avec de l'oseille fraichement cueillie et nettoyee de ses filets; bien tasser l'oseille de chaque cote de l'alose. La faire partir sur un feu doux et ensuite la faire mijoter tres doucement pendant douze heures, soit dans des cendres chaudes ou dans un four tres doux, ce qui serait preferable.

Lorsque la cuisson est terminee, vous retirez l'oseille afin d'avoir la facilite d'agir pour enlever l'alose que vous deballerez, la dresser ensuite et l'arroser soit avec du beurre en fondu ou une sauce genevoise, servir l'oseille a part apres l'avoir passee et lui avoir ajoute un peu de demi-glace.

Vous ne devez plus y trouver d'aretes, elles se trouvent reduites a l'etat de gelatine.

Ce mets peut se servir froid sans perdre aucune de ses qualites; dans ce cas, l'on remplace l'oseille par de la gelee et une sauce mayonnaise.

Cotelettes de Homard a la Saint-Brice.

Prenez les chairs de deux beaux homards cuits; coupez-les en petits des ou carres, de maniere a en faire des croquettes que vous liez dans une sauce au beurre de homard reduite et liee au dernier moment; melez egalement a votre homard un salpicon de truffes coupees d'egale grosseur; mettez cet appareil a refroidir; distribuez vos cotelettes sur la table, en leur donnant les formes de cotelettes; panez-les a l'oeuf et a la mie de pain fraiche; avec la lame d'un couteau, unissez-les bien, qu'elles aient une jolie forme; faites-les frire d'une belle couleur; mettez a chaque cotelette un petit os de pate de homard, ainsi qu'une papillote; servez en couronne sur serviette et un bouquet de persil frit dans le centre.

Vol-au-vent aux quenelles de Brochet.

Preparez des quenelles de brochets comme il est indique a l'article Quenelle; ayez une bonne sauce de poisson au vin blanc, bien beurree, mettez-y vos quenelles, quelques champignons et quelques huitres blanchies, emplissez une croute de vol-au-vent chaude et l'entourez de quelques ecrevisses et servez.

Timbale de Gnochis a la Creme.

Preparez une croute de timbale cuite d'avance et bien seche, faites un appareil a gnochis avec de la pate a choux au fromage, comme il est indique d'autre part; faites pocher cette pate dans l'eau bouillante par le moyen d'une poche a patisserie en coupant avec un couteau a mesure que l'appareil sort de la poche; faites en sorte que ces petites quenelles soient toutes a peu pres egales. Lorsqu'elles sont toutes pochees, les egoutter et les mettre dans une bonne sauce bechamel bien beurree et cremeuse et qu'elle soit d'un bon gout. Emplir votre timbale et servez.

Coulibiac de Saumon a la Russe.

Faites une pate a brioche commune, mouillee avec moitie lait tiede et oeufs; laissez revenir la pate dans un endroit tiede, ensuite etendre votre pate en ovale comme pour un pate long; sautez des filets de saumon et les laisser refroidir; ayez un peu de vesiga hache, ainsi qu'un peu de persil et de fenouil passes au beurre avec un peu d'echalote hachee; melez le tout ensemble et laissez refroidir; ayez en meme temps du riz de l'Inde ou Patna, cuit selon les regles; garnissez votre coulibiac comme il suit: une couche de riz d'abord, les filets de saumon ensuite, un lit de vesiga, en alternant ainsi de suite; reployez la pate ensuite, afin de refermer et de souder votre pate; le retourner sur une plaque, de maniere que les soudures se trouvent en dessous le dore; le cuire a four modere; lorsqu'il est cuit, lui couler par l'ouverture un peu de beurre fondu.

Grenouilles a la Poulette.

Choisissez des grenouilles depouillees et bien fraiches, faites-les cuire dans une casserole avec un oignon coupe en rondelles, carottes, un bouquet de persil garni; mouillez le tout avec un peu de vin blanc et un morceau de beurre. Lorsque vos grenouilles sont cuites, les egoutter; passez le fond, que vous liez avec un peu de farine, un bon morceau de beurre et un demi-verre de creme et deux ou trois jaunes d'oeufs, remettre les grenouilles dans votre sauce et les servir entourees de petits croutons frits.

Tourte aux Poireaux.

Preparez une croute de tourte comme pour une tourte au godiveau; d'une autre part, prenez une botte de poireaux bien blancs que vous epluchez et lavez. Coupez les poireaux de longueur de trois centimetres environ, faites-les blanchir, les egoutter ensuite en les pressant pour en extraire l'eau. Mettez un bon morceau de beurre dans une casserole, mettez-y vos poireaux coupes en les mouillant a couvert avec du lait, les assaisonner de bon gout, les faire cuire tres doucement; lorsque les poireaux sont assez cuits, preparez une liaison de trois jaunes d'oeufs, un morceau de beurre frais et un verre de creme. Melez cette liaison aux poireaux; emplissez votre tourte et servez.

Sarcelles roties sur Canape.

Videz et flambez des sarcelles, les trousser et les saler interieurement, les mettre a la broche et les arroser avec du beurre fondu, les servir sur des croutons passes au beurre et envoyez a part une sauciere de beurre noisette.

Mayonnaise de Homard a la Denise.

Faites cuire une douzaine de petits oeufs durs que vous rafraichissez, enlevez les coquilles sans briser les oeufs; coupez-en les deux extremites, de maniere qu'ils soient de la meme hauteur, avec un vide-pommes; faites une incision jusqu'aux deux tiers de la hauteur de l'oeuf, le vider de maniere a en former une petite croustade avec le jaune que vous en retirez; conservez-le pour le passer au tamis, ce qui doit vous servir pour la garniture des oeufs meles avec des queues de crevettes et quelques cuillerees de mayonnaise bien relevee. D'un autre cote, ayez un ou deux homards cuits et froids, enlevez la carapace, en mettant le corail de cote; decoupez votre homard en rondelles de meme dimension, placez-les symetriquement dans un bol, en commencant par le fond; choisir les plus beaux morceaux. Lorsque votre bol est monte jusqu'au bord, emplissez-le d'une salade de laitue assaisonnee avec un peu de mayonnaise et tous les debris de l'interieur des pattes du homard; demoulez votre bol sur un plat et entourez de vos croustades d'oeufs garnis, et parsemez un peu de corail sur chaque oeuf; envoyez une sauciere de mayonnaise a part.

Curry de Homard a l'Indienne.

Pour faire un bon curry a l'Indienne, il faut avoir un bon coco plein de son eau et bien frais, un oignon d'Espagne doux, de la bonne poudre a curry des Indes et du riz dit de Patna, avec cela, vous etes sur de ne pas manquer votre mets.

Prenez un ou plusieurs homards cuits, bien frais, detachez-en la carcasse des chairs, coupez ces chairs en gros des ou en rondelles, d'un autre cote ciselez un oignon d'Espagne que vous faites revenir dans une casserole avec un bon morceau de beurre. Lorsque l'oignon commence a prendre une couleur blonde, mettez une cuilleree de poudre a curry ainsi que les morceaux coupes de homard, tournez-les encore ensemble quelques minutes et mouillez ensuite avec l'eau qui se trouve dans l'interieur du coco. Brisez le coco vide, detachez-en les parties inferieures blanches que vous rapez sans en perdre, mettez ce blanc rape dans une casserole a couvert d'eau; faites bouillir quelques minutes, passez ce jus dans une passoire ou une serviette, ajoutez ce jus a votre homard, mettez-y un peu de sel et laissez reduire le homard dans sa cuisson, de maniere qu'il n'y reste plus beaucoup de mouillement; a part, faites cuire du riz Patna a pleine eau eu y ajoutant le jus d'un citron; lorsque vous sentez entre les doigts votre riz aux deux tiers cuit, egouttez-le, le rafraichir d'un jet d'eau, l'egoutter sur un tamis, le couvrir d'une serviette et le laisser finir de cuire soit a l'etuve ou a la bouche d'un four doux. Le riz doit se separer et ne pas se coller. Dressez votre currie de homard dans un plat d'entree et votre riz sur une serviette a part, en pyramide, en le faisant tomber legerement avec une fourchette. Chaque convive se sert du curry et du riz dans la meme assiette ou l'on doit les manger ensemble.

L'Escargot d'Avril au vin du clos de Chablis.

C'est en avril que l'escargot est le plus succulent et le meilleur a manger; il a passe l'hiver dans la terre, sous la gorge d'un cep de vigne, ou il a fait son careme en jeunant dans son cloitre, en attendant les jeunes tendrons de vigne; c'est a ce moment que le vigneron, en piochant la vigne, qui est la premiere "facon de l'annee", le trouve sous la gorge du cep, enfoui jusqu'aux racines. Il se presente encore ferme. Ce n'est qu'en mai qu'il se decide a montrer ses cornes.

Je me rappelle que tout enfant, j'allais chez ma grand'mere ou, dans une chambre noire, il y avait un grand pot de gres dans lequel j'aurais pu tenir debout. C'est la qu'elle deposait tous les escargots qu'elle rapportait des vignes, pendant la bonne saison. C'etait pour les faire jeuner, disait-elle; mais ils grimpaient tous au couvercle pour s'evader de leur prison; quelquefois l'un poussait l'autre et tous retombaient avec bruit dans le fond du pot.

J'en ressentais des frayeurs a en rever la nuit, jusqu'au jour ou elle me montra avec une lumiere l'objet de mes terreurs.

Des lors je n'eus plus peur, car je connaissais bien l'animal cornu pour en avoir vu dans les vignes, lorsque les feuilles sont pleines de rosee ou de pluie, trainant sur lui une petite maison en spirale.

J'en mangeai bien souvent depuis. Ma grand'mere savait les preparer fort bien et j'ai pu retrouver sa recette.

[Gravure 13.png]

Recette. — Prenez des escargots d'avril encore bouches, brossez-les dans une terrine d'eau froide pour en enlever la terre.

Ensuite mettez-les dans un chaudron ou une casserole pleine d'eau froide.

Mettez-les sur le feu pour les faire blanchir; lorsqu'ils commencent a sentir l'eau tiedir, leur couvercle s'enleve et l'escargot commence a montrer sa tete.

Laissez sur le feu jusqu'a ce que l'eau ait fait plusieurs bouillons, les enlever de l'eau bouillante, les rafraichir et les egoutter.

Ensuite, les enlever de leurs coquilles, en oter le noir du fond, lequel est tres amer et n'est pas mangeable. Mettez dans une casserole un bon bouquet de persil garni d'aromates, sel, poivre, et du bon vin vieux de Chablis. Faites-les cuire a petit feu.

Pendant la cuisson, vous nettoyez les coquilles proprement et les mettez a egoutter sur un tamis afin qu'il ne reste plus d'eau dans le fond des coquilles.

D'un autre cote, faites la garniture de la coquille, qui se compose d'une bonne poignee de persil frais hache tres fin, de trois ou quatre gousses d'ail et tres peu de ciboulette, le tout hache tres fin. Prenez un bon morceau de beurre bien frais, le quart du volume du beurre de mie de pain passee au tamis ou a la passoire, et un peu de fromage de gruyere rape que vous melez a la mie du pain. Faites avec le tout une pate consistante en la maniant a la main. Goutez, que ce soit bien releve. Ensuite, garnissez le fond des coquilles: Mettez-y a chacune un escargot et finissez de remplir avec cet appareil. Rangez dans une tourtiere ou dans un plat a gratin, que vous poussez au four assez chaud quelques minutes avant de servir; l'escargot doit se manger brulant et avec du bon vin blanc, car ce sont les huitres de la Bourgogne.

Salade de Homard.

Prenez deux beaux homards, detachez-en la carapace, coupez en rondelles les queues et pattes que vous assaisonnez avec sel, poivre, huile, vinaigre et fines herbes. Placez, au milieu d'un plat une petite salade de laitue assaisonnee, dressez-y vos rondelles de homard en couronne, nappez ensuite la salade de homard et entourez-la d'oeufs cuits durs. Semez ensuite sur la salade un peu de corail de homard passe au tamis et servez.

Escargots a l'Arlesienne.

Passez a la casserole un peu de lard coupe en des, saupoudrez d'un peu de farine et mouillez avec une bouteille de vin blanc sec, ajoutez-y vos escargots, prepares d'avance comme il suit:

Prenez de moyens escargots que vous faites degorger a l'eau tiede, faites-les blanchir ensuite avec une poignee de sel. Les retirer de leurs coquilles, les egoutter, les mettre ensuite dans votre casserole, y mettre en meme temps quelques gousses d'ail et beaucoup d'aromate, les faire partir et les laisser cuire doucement. Lorsqu'ils sont cuits, les egoutter et les mettre dans leurs coquilles; liez ensuite le fond des escargots, ajoutez un verre de Madere, une pincee de cayenne, mettez-y vos escargots, roulez-les dans la sauce, semez-y en meme temps un peu de persil hache et le jus d'un citron, et servez bien chaud.

Sardines fraiches grillees.

Choisissez une livre de belles sardines; lavez-les et les essuyer, les faire macerer dans l'huile d'olive, les ranger ensuite sur un gril, les faire griller sur un feu bien clair, les saler, les retourner, les dresser et les arroser d'une maitre d'hotel chaude.

Salade de Poisson a la Polonaise.

[Gravure 14.png]

Prenez les restes d'un turbot cuit et refroidi. Divisez-le en petites parties de la grosseur d'un domino a jouer, si vous avez un peu de saumon de meme. Assaisonnez ces morceaux avec huile, vinaigre, sel, poivre et fines herbes. Melez a ce poisson une douzaine d'huitres blanchies et refroidies, ainsi que quelques pommes de terre vitelotes coupees en lames. Montez cette salade en dome sur un fond de riz. Pour en faciliter le dressage, l'on peut y meler un peu de laitue ciselee. Nappez la salade d'une sauce ravigote. Dressez autour des moities d'oeufs cuits durs. Vider et remplir d'une petite salade de legumes. Dressez egalement entre chaque oeuf une crevette epluchee tel que le dessin le represente. Servez cette salade comme entree froide ou comme second rot.

Souffle de Homard a la Cardinal Richard.

Prenez un ou deux homards crus, retirez-en les chairs que vous pilez tout en conservant un peu de corail pour votre sauce. Lorsque les chairs sont bien pilees, passez le tout au tamis tin, assaisonnez de bon gout, melez les deux tiers de son poids avec de la creme fouettee. Beurrez un moule a pain et emplissez votre moule que vous mettez a pocher a l'eau bouillante on arretant l'ebullition comme pour les quenelles. Lorsque votre souffle est poche a point, demoulez-le sur un plat et nappez-le avec une bonne sauce cremeuse de homard. Garnissez le puits d'un ragout de crevettes epluchees, de moules, champignons, et de truffes escalopees. En-tourez la base de votre souffle de belles crevettes epluchees egale-ment.

Saumon froid historie.

Faites cuire un saumon au court bouillon pour froid, l'egoutter, lui enlever la peau et le napper de gelee de poisson, le decorer avec des crevettes et garnir la base avec une salade de legumes par petits bouquets separes, tels que carottes, navets, haricots verts, petits pois, pointes d'asperges, pommes de terre, tranches de tomates, et le tout bien assaisonne. Finissez le tour du plat par de jolis croutons de gelee et envoyez avec une ou deux saucieres de mayonnaise.

Friture de Goujon de Seine.

Choisissez de beaux goujons bien frais, les essuyer proprement avec un linge sec, les passer ensuite au lait et a la farine, mais bien les secher dans la farine; les mettre a friture chaude; salez-les; les dresser en buisson sur serviette, avec un bouquet de persil frit, ac-compagne de quelques quartiers de citron servis a part.

Cotelettes de sole a la Cardinal.

[Gravure 15.png]

Levez les filets de plusieurs soles, les enerver, les battre de ma-niere que les filets soient tres minces et le plus large possible, placez vos filets de sole les uns a cote des autres de maniere a n'en former qu'une nappe carree en les aplatissant ensemble.

Beurrez une feuille de papier d'office et mettez cette nappe dessus. Ayez d'un autre cote de la farce de merlan dans laquelle vous y aurez mele du corail de homard en la pilant afin que cette farce soit d'une couleur rouge. Mettez cette farce sur le milieu de votre nappe de filets de sole avec l'aide du papier, ployez votre nappe en deux, comme cela la farce formera la noix de vos cotelettes, placez-les sur un plafond beurre, mettez un rouleau sur le bout des filets afin de bien former les cotelettes, poussez au four et laissez pocher doucement 25 a 30 minutes. Lorsque vos filets sont poches ainsi que la farce, laissez-les refroidir, ensuite les deballer de leur papier et couper dessus des tranches egales de la grosseur d'une cotelette d'agneau, parez-les, les placer ensuite sur une grille et les napper avec de la gelee de poisson mi-prise, dressez une petite salade de legumes dans le milieu d'un plat en pyramide, dressez-y vos cotelettes autour de la salade, entourez votre plat avec des croutons de gelee et servez.

TROISIEME PARTIE

LES SAUCES

Sauce Bechamel au Maigre.

Mettez un morceau de beurre dans une casserole sur le feu. Lorsque le beurre est a peu pres fondu, mettez-y de la farine pour en obtenir un roux blanc. Mouillez ensuite avec du lait bouilli, fouettez votre sauce vivement, afin qu'elle soit lisse et sans grumeaux, l'assaisonner. Lorsqu'elle est en ebullition, laissez-la mijoter quelque temps sur le coin du fourneau. Ensuite la passer a la mousseline dans une terrine, la vanner ensuite de temps en temps jusqu'a ce qu'elle soit entierement refroidie. La mettre dans un endroit frais pour vous en servir.

Sauce au Blanc de Poisson.

Faites un roux blanc serre lorsque la farine est assez cuite, mouillez avec du bon fond de poisson comme pour un veloute, fouettez vivement votre sauce pour empecher les grumeaux de se former, laissez bouillir votre sauce sur le coin du fourneau de maniere a la faire reduire d'un bon tiers, l'on peut y ajouter quelques parures de champignon, c'est selon l'emploi que vous lui reservez; la degraisser, la passer a l'etamine ou a la mousseline, la vanner ensuite jusqu'a ce qu'elle soit entierement refroidie si toutefois elle n'est pas employee de suite.

Sauce au Beurre.

Mettez un morceau de beurre dans une casserole, ajoutez-y de la farine, maniez le tout ensemble avec une cuiller de bois de matiere a en former une pate, mettez-y un peu de sel et couvrez d'eau froide; mettez votre casserole sur le feu, au premier bouillon, retirez-la du feu et fouettez-la avec un fouet pour la rendre lisse, la finir ensuite avec un morceau de beurre divise par petites parties, ajoutez-y un jus de citron et la passer a l'etamine, la mettre au bain-marie pour vous en servir; avoir soin de la vanner de temps en temps, jusqu'au moment de la servir; il est bon de faire ces sauces presque au moment de s'en servir.

Sauce Moutarde.

Cette sauce est la meme que la sauce au beurre, avec une addition de une ou deux cuillerees de bonne moutarde de Dijon ou autre. Cette sauce ne se sert ordinairement que pour des harengs grilles.

Sauce Hollandaise.

Mettez dans une petite casserole une cuilleree de vinaigre d'Orleans, une pincee de poivre mignonnette et deux ou trois feuilles de thym; laissez reduire le tout sur le coin du fourneau en faisant bien attention de ne pas laisser bruler, car il faudrait recommencer, ce qui arrive quelquefois; laissez refroidir, ensuite mettez trois jaunes d'oeufs et un peu de beurre dans votre reduction en tenant votre casserole au bain-marie; fouettez vos jaunes avec le beurre comme pour une mayonnaise, ajoutez de temps en temps un peu de beurre jusqu'a ce que votre sauce soit assez montee et mousseuse, la passer ensuite a la mousseline et la tenir au bain-marie; ajoutez-y un peu de jus de citron en la vannant au moment de la servir.

Sauce Mayonnaise.

Mettez trois jaunes d'oeufs dans une terrine ou un grand bol, sel, poivre; fouettez vos jaunes en y laissant couler un petit filet d'huile d'olive ainsi que quelques gouttes de citron ou du vinaigre; fouettez toujours jusqu'a ce que votre sauce soit montee et en assez grande quantite; pour cela, l'on fait une petite entaille au bouchon afin que l'huile coule tres doucement, sans cela la mayonnaise serait susceptible de tourner.

Autre maniere pour servir avec poisson: Mettez trois jaunes dans une terrine, sel, poivre, une cuilleree de fond de poisson bouillant ainsi qu'une demi-cuilleree de bon vinaigre a l'estragon; fouettez le tout ensemble jusqu'a ce que cela vienne tres mousseux et leger, ensuite versez votre huile en continuant de fouetter, jusqu'a ce que vous en ayez en assez grande quantite. Ce procede est plus expeditif et la mayonnaise a plus de corps; l'on peut l'alleger avec une cuilleree de creme fouettee au dernier moment.

Mayonnaise Ravigote.

Prenez une poignee d'herbes, un peu d'estragon, de ciboulette, cerfeuil, persil, que vous faites blanchir; les egoutter ensuite et en exprimer l'eau. Pilez ces herbes au mortier ainsi que trois ou quatre filets d'anchoi, un cornichon et une cuilleree de capre, les passer ensuite au tamis; incorporez a cette puree une cuilleree de bonne moutarde, melez le tout a votre mayonnaise et servez.

Sauce Tartare.

Melez a votre mayonnaise les herbes crues et hachees tres fines, telles que d'un peu de cerfeuil, estragon, ciboulette, echalote, cornichon, capres et persil, ainsi qu'une cuilleree de bonne moutarde et une pointe de cayenne.

Sauce Remoulade.

Prenez une poignee d'herbes composee de persil, estragon, cerfeuil; blanchissez ces herbes, en exprimer l'eau. Pilez-les avec quelques filets d'anchois et plusieurs jaunes d'oeufs cuits; passez le tout au tamis, ajoutez a cela un jaune cru ainsi qu'une cuilleree de bonne moutarde; montez-la ensuite comme une mayonnaise avec de l'huile et vinaigre.

Sauce Genevoise au Maigre.

Passez au beurre une petite mirepois de carottes, celeri, oignons, champignons coupes en des; singez avec un peu de farine et mouillez avec du vieux vin de Bourgogne, laissez reduire a petit feu, mouillez encore avec du bon fond de poisson; passez le tout a l'etamine et terminez avec un bon morceau de beurre frais, en ayant soin de vanner votre sauce jusqu'au moment de servir.

PATES SPECIALES

Pate a Choux et Gnochis.

Mettez 60 grammes de beurre dans une casserole avec autant d'eau sur le feu; lorsque le tout est en ebullition, melez 60 grammes de farine tamisee, melez et dessechez 20 minutes; ensuite mouillez avec deux oeufs, l'un apres l'autre, de maniere que la pate prenne du corps. Si c'est pour vous eu servir pour gnochis, ajoutez-y un peu de sel; si c'est pour sucrer, ajoutez-y un peu de sucre et un peu de fleur d'orange.

[Gravure 16.png: La Querelle Des Legumes (Fac-simile d'une enseigne de restaurant du commencement du XIXe siecle).]

QUATRIEME PARTIE

LES ENTREMETS DE LEGUMES

Croutes aux Champignons.

Prenez des beaux champignons bien fermes, pas par trop grands ni trop petits, enlevez-leur les queues et les nettoyer. Beurrez un plat a gratin grassement, faire des toasts de pain grille et les couper de la grandeur de vos champignons, placez vos champignons dans votre plat a gratin, les uns a cote des autres, les assaisonner de bon gout, y mettre un petit morceau de beurre sur chacun d'eux et les pousser au four. Pendant ce temps, placez vos petits croutons dans le fond d'un plat d'entree et le tenir au chaud. Lorsque vos champignons sont cuits, dressez-les sur vos croutons et arrosez-les avec le reste de leur cuisson, en y ajoutant un jus de citron et un peu de beurre fondu.

Choux-Fleurs au Gratin.

Faites cuire un ou deux choux-fleurs apres les avoir nettoyes a l'eau de sel en y ajoutant un peu de beurre a la cuisson; les egoutter apres cuisson; preparer d'une autre part une sauce au beurre bien assaisonnee et bien cremeuse: ayez aussi du fromage de parmesan rape; versez une cuillere de sauce dans le fond du plat avec un peu de parmesan; dressez votre chou-fleur et masquez-le de sauce et de fromage; saupoudrez d'un peu de chapelure et l'arroser avec un peu de beurre fondu et au four chaud; lorsqu'il a pris une belle couleur, retirez et servez.

Gnochis au Gratin.

Faites une pate a choux commune au lait, dans laquelle vous y incorporez du fromage de parmesan rape, beurrez un plat a sauter et faites des belles quenelles a la cuillere avec votre pate; lorsque votre plat est plein, mouillez ces quenelles a l'eau bouillante et laissez-les pocher sur le coin du feu. Les egoutter sur un linge, ensuite les placer sur un plat a gratin, les napper avec une sauce au beurre dans laquelle vous y aurez introduit du parmesan rape et un peu de paprica; semez par-dessus un peu de chapelure et quelques gouttes de beurre fondu; poussez au four pour le faire gratiner et servez.

Petites Carottes a la Creme.

Tournez des petites carottes et les couper en deux, les blanchir et les faire cuire tres doucement dans du beurre et un peu de bouillon maigre ainsi qu'un morceau de sucre, finissez-les au moment avec une cuillere de bechamel et de la creme, et servez.

Calecanom a l'Irlandaise.

Ayez des pommes de terre cuites et bien farineuses, brisez-les au moyen d'une fourchette, ajoutez-y un bon morceau de beurre et un cinquieme d'herbe potagere bien hachee, le tout assaisonne de beurre, de sel, de poivre et de gingembre; ce mets est tres substantiel et assez agreable, servez dans un plat a legumes en en formant un dome, et l'arroser d'un beurre fondu.

Pommes de Terre a la Crapaudine.

Epluchez de belles pommes de terre, que vous coupez ensuite en rondelles tres minces; beurrez grassement une tourtiere en fonte emaillee ou une casserole a legumes; placez vos rondelles de pommes de terre par lit: un lit de pommes de terre, un lit de beurre et un lit de petites lames de fromage de gruyere; lorsque la tourtiere est pleine, assaisonner chaque lit et cuire sur un feu de braise; couvrir la tourtiere et mettre du feu dessus egalement, jusqu a sa cuisson terminee. Ce mets se sert avec la tourtiere meme. L'on pourrait egalement en faire dans des casseroles d'argent au four, mais ce ne serait pas aussi bon.

Pate de Pommes de Terre a l'Ecossaise.

Prenez un plat a tarte a l'Anglaise, carre, long, beurrez-le fortement, coupez quelques oignons en rouelle, coupez egalement des pommes de terre assez fines pour qu'elles puissent cuire aisement; lorsque votre plat est rempli, assaisonnez de bon gout et le mouiller legerement, couvrir le plat avec de la pate a feuilletage comme pour un pate de viande, le dorer et le mettre cuire au four, de maniere qu'il ait bonne couleur, servez apres cuisson sur serviette.

Petits Pois a la Romaine.

Prenez un litre ou deux de petits pois, selon la quantite de convives que vous avez, faites votre possible que vos pois soient bien frais, ayez deux ou trois oignons blancs que vous ciselez tres fin et deux belles laitues romaines bien blanches; faites-en une chiffonnade que vous joignez a vos pois, prenez un bon morceau de beurre bien frais, mettez le tout dans une terrine ou une casserole, maniez a la main beurre, pois, oignons et romaines, comme pour en faire une pate, ajoutez-y un petit bouquet de persil sans etre garni et un petit morceau de sucre et un peu de sel, couvrez votre casserole, faites partir sans aucun mouillement, cuire a petit feu dans un four modere, de maniere qu'ils etuvent sans bouillir et lies naturellement au moment de les servir, sautez-les un peu, afin de les lier, et servez.

Salsifis frits.

Grattez une botte de salsifis, les mettre dans l'eau acidulee, les blanchir avec un blanc et quelques rondelles de citron epepine, de maniere qu'ils restent le plus blanc possible a leur cuisson, ensuite les egoutter, les assaisonner avec un peu de persil hache, de l'huile et du vinaigre; ayez une bonne pate a frire; les tremper dedans et les plonger par petites quantites a la friture bien chaude, les egoutter ensuite, les saler et les servir sur serviette avec un petit bouquet de persil frit.

Haricots verts sautes au Beurre.

Faites blanchir des haricots verts bien tendres, les rafraichir et les egoutter sur un linge; mettre un morceau de beurre dans un plat a sauter sur un bon feu; y mettre vos haricots, les sauter et finir avec un peu de persil hache.

Tomates farcies.

Choisissez de jolies tomates, les eplucher a l'eau bouillante, en enlever les pepins, faire une duxelle avec des champignons frais, farcir vos tomates, les ranger dans un plat a sauter, les cuire a four chaud quelques minutes avant de servir.

Courges gratinees a la Bernard.

Epluchez plusieurs courges que vous coupez et parez d'egale grosseur, faites-les blanchir a l'eau de sel, les egoutter sur un linge; ensuite, beurrez un plat a gratin, placez-y vos morceaux de courges et nappez-les avec une bonne sauce tomate reduite et bien assaisonnee; poussez votre plat au four et servez apres cuisson.

Souffle a la Parmentier.

Beurrez un moule a Charlotte grassement, chemisez-le legerement avec de la chapelure blonde; faites cuire des pommes de terre a la vapeur ou au four; lorsqu'elles sont cuites, les passer au tamis, les beurrer en les maniant a la cuillere dans une casserole, leur adjoindre une bonne poignee de fromage de gruyere rape trois jaunes et trois blancs fouettes; emplissez votre moule et faites-le cuire a four modere; lorsqu'il est cuit, demoulez-le sur un plat et arrosez-le avec du beurre noisette.

Chicoree a la Creme.

Faites blanchir de belles chicorees bien blanches, les rafraichir, les presser fortement pour en extraire l'eau, les hacher tres fin, mettre ensuite un bon morceau de beurre fin dans une casserole, y mettre votre chicoree assaisonnee de bon gout, les dessecher sur le feu et les mouiller avec un peu de lait ou de la creme; ajoutez-y une ou deux cuillerees de bechamel, faire reduire le tout ensemble et servez entoure de petits croutons en feuilletage ou de pain frit.

Aubergines frites a l'Americaine.

Epluchez plusieurs aubergines, les couper en rondelles d'un centimetre d'epaisseur; mettez-les dans un plat en les saupoudrant de sel, afin qu'elles rendent leur eau; les essuyer sur un linge. Ensuite, les tremper dans de l'oeuf battu et les panner avec des biscuits anglais (Albert) ecrases, et les passer au tamis a mie de pain; les frire de belle couleur; les saler legerement, les dresser sur serviette avec un bouquet de persil frit.

Choux marins sauce au Beurre.

Mettez en bottillon des choux marins bien blancs, faites-les cuire a l'eau de sel comme des asperges; servez sur serviette sauce au beurre a part ou saucez dessus, lorsque vous les mettez dans un legumier.

Oeufs poches aux Epinards.

Ayez des epinards a la creme comme il est indique; pochez des oeufs bien frais, les egoutter et les placer en couronne autour des epinards, les arroser avec du beurre frais fondu et servez.

Omelette Russe.

L'omelette russe est une espece de crepe, seulement plus epaisse et moins coriace, mais elle est tres nourrissante. Voila, a peu pres, comme je l'ai vu faire: delayez dans une terrine trois ou quatre cuillerees de farine avec le double de bonne creme, ajoutez a cela six oeufs entiers; fouettez le tout ensemble, l'assaisonner; beurrez une poele a omelette avec du beurre fondu, a la hauteur d'un demi-centimetre; lorsque votre beurre est bien chaud, mettez-y votre omelette battue et poussez-la au four et qu'elle soit de belle couleur sans la retourner; servez ensuite sur un plat, en l'arrosant d'un peu de beurre fondu et servez.

Vitelottes a la Creme.

Aujourd'hui, il est bien difficile de se procurer de la vraie vitelotte; il y en a, cependant, dans la plupart des marches; elle est souvent batardee, mais la vraie vitelotte est petite, longue et tres mal formee; elle ne vient que dans des terrains sablonneux; elle ne se brise pas a sa cuisson, aussi s'en sert-on plus particulierement pour les salades de preference ou pour garniture avec sauce, comme celle que je donne dans cette recette: Faites cuire des vitelottes a l'eau de sel; les egoutter et les rafraichir, les eplucher ensuite et les couper en petites rondelles. Mettez un bon morceau de beurre dans un plat a sauter et un verre de bonne creme double, mettez-y vos pommes de terre et laissez-les quelques minutes, sautez-les un peu pour les lier, saupoudrez-les dans un peu de persil hache et servez.

Choux de Bruxelles sautes au beurre.

Faites blanchir des choux de Bruxelles comme il est indique pour ce legume et sautez-les au beurre et une pincee de persil hache.

Laitues farcies au Beurre.

Choisissez de belles laitues de meme grosseur; coupez-en les petites racines; plongez-les a l'eau de sel bouillante; retirez-les ensuite pour les plonger a l'eau fraiche, a plusieurs reprises, en les tenant par la racine. De cette maniere, vous ne pouvez pas les briser, les feuilles sont plus souples et elles s'ouvrent plus aisement afin que le sable ou autres matieres se detachent d'elles; egouttez-les sur une serviette; les ouvrir; les farcir avec une duxelle de champignons et d'un tiers de mie de pain; les reformer, les placer dans une casserole bien beurree; les couvrir egalement d'un papier beurre; les faire cuire doucement, en les arrosant d'un peu de beurre. Ensuite, les servir sur croutons frits en couronnes.

Lazagne au Gratin.

Procedez comme pour le macaroni au gratin.

Omelette aux Truffes.

Cassez des oeufs bien frais dans une terrine, salez, poivrez, mettez-y une ou deux cuillerees de bonne creme, un peu de beurre en petite partie et une pincee de persil hache, fouettez vos oeufs, mettez un bon morceau de beurre dans une poele a omelette sur un bon feu. Lorsque le beurre est fondu, versez-y vos oeufs en les tournant avec une cuiller; a mesure qu'ils prennent, remuez la poele sur elle-meme afin que l'omelette se detache, placez-y au milieu un salpicon de truffes, renversez les deux cotes de l'omelette l'un sur l'autre, de maniere a en enfermer les truffes, renversez votre omelette sur un plat chaud et servez.

Oeufs brouilles aux Pointes d'Asperges.

Mettez un morceau de beurre dans une casserole, cassez six oeufs au plus. Salez, poivrez, ajoutez une bonne cuiller de creme double et un petit morceau de beurre; remuez le tout sur le feu; lorsque les oeufs viennent un peu consistants, ajoutez-leur deux ou trois cuillers de pointes d'asperges blanchies d'avance, dressez et entourez les oeufs de petits croutons frits au beurre.

Oeufs poches a l'Oseille.

Pochez des oeufs bien frais dans l'eau bouillante salee et acidulee, les rafraichir, les ebarber ou parer, les mettre ensuite dans une terrine d'eau chaude; dressez dans le milieu d'un plat une puree d'oseille bien nourrie avec de la bechamel bien beurree et reduite, egouttez, dressez vos oeufs poches autour et servez.

Pommes de terre Anna.

Choisissez des pommes de terre de Hollande de meme grosseur, epluchez-les et coupez-les en liard, prenez une petite tourtiere, foncez-la d'un bon morceau de beurre. Placez-y vos pommes de terre coupees, par lit. Un lit de beurre, un lit de pommes. Assaisonnez de bon gout, couvrez la tourtiere feu dessous et dessus, laissez cuire jusqu'a ce que vos pommes de terre soient d'une belle couleur et croustillantes, demoulez votre tourtiere en passant une lame de couteau autour et servez.

Oeufs brouilles aux Champignons.

Lavez et emincez de beaux champignons bien blancs et bien fermes, faites-les cuire avec un morceau de beurre et le jus d'un demicitron et sel. Beurrez grassement une casserole, cassez-y vos oeufs, une bonne cuilleree de creme, un morceau de beurre, une pincee de sel et de poivre, tournez-les sur le feu jusqu'a ce qu'ils soient mollets, ajoutez-y vos champignons, egouttez et servez sur un plat entoure de petits croutons frits au beurre.

Croutes aux Champignons a la Duras.

Prenez des beaux champignons a farcir, nettoyez et enlevez les queues, les assaisonner et les ranger dans un plat a sauter beurre grassement, les pousser au four; preparez des petits croutons de la grandeur des champignons, que vous coupez dans des tranches de pain de mie grille et beurre, placez les croutons dans le fond d'un plat, mettez-y une bonne lame de truffe et dessus vos champignons, arrosez-les avec le fond et servez dans un plat chaud et couvert.

Salade de Laitue aux oeufs.

Preparez une salade de laitue, dans laquelle vous mettez des quartiers d'oeufs cuits durs et l'assaisonner comme les autres salades.

Omelette aux Fines Herbes.

Cassez une demi-douzaine d'oeufs dans une terrine, ajoutez-y deux bonnes cuillerees de creme, assaisonnez de sel, poivre, un peu de persil hache et une cuilleree de Duxelle(1) faite a l'avance. (Voyez Duxelle.)

Battez le tout avec un fouet a blancs d'oeufs, faites fondre un bon morceau de beurre dans une poele a omelette, mettez-y vos oeufs, a mesure que l'omelette cuit remuez vivement avec une cuiller en metal, ramenez les deux cotes sur le centre et retournez-la sur un plat et envoyez.

(1)*Duxelle.* — La Duxelle se compose d'echalotes hachees tres fines et passees au beurre, des champignons egalement haches tres fins, melez des champignons a l'echalote, une pincee de persil hache, sel, poivre, reduire le tout ensemble en le mouillant avec un peu de jus de champignon, la mettre dans un pot ou une petite terrine et la rouvrir d'un papier beurre. Placez dans un endroit frais pour vous en servir au besoin, soit pour gratin au gras on au maigre ou soit pour farcir des legumes tels que champignons, laitues, tomates, etc.

Timbale de Lazagnes a la Reine.

Preparez une croute de timbale cuite et bien seche. Blanchissez une demi-livre de Lazagnes de Genes a l'eau salee, les egoutter, ensuite les mettre avec un bon morceau de beurre dans une casserole avec un verre de bonne creme et deux ou trois cuillerees de bechamel, assaisonnez de bon gout avec sel, poivre, muscade, etc.; ayez aussi des truffes blanches du Piemont que vous coupez en lames minces et que vous sautez a la minute, les adjoindre aux Lazagnes, parsemez un peu de parmesan en sautant vos Lazagnes, emplissez votre timbale et servez.

Oeufs mollets aux Tomates.

Enlevez la peau de plusieurs tomates a l'eau bouillante, les couper en deux, les epepiner, les couper ensuite par petites lames comme des quartiers de mandarines, les sauter au beurre apres les avoir assaisonnees de bon gout, faites cuire en meme temps des oeufs mollets en les plongeant dans l'eau bouillante et les laisser mijoter au coin du fourneau pendant 5 a 6 minutes, selon la quantite que vous avez mise dans l'eau; dans tous les cas, prenez des oeufs bien frais; lorsqu'ils sont cuits, epluchez-les, les passer a l'eau, les essuyer, dressez vos tomates sautees au milieu d'un plat et vos oeufs autour.

Riz a la Valenciennes.

Ciselez un oignon en petit de ou un morceau d'oignon d'Espagne serait plus doux. Versez un demi-verre d'huile dans un sautoir sur un bon feu, mettez-y vos oignons et six onces de riz Caroline, remuez le tout avec une cuillere de bois; lorsque le tout commence a prendre un peu de couleur, mouillez a l'eau bouillante a couvert, ajoutez 3 ou 4 cuillerees de tomates de Naples tres reduites et un bon morceau de beurre, assaisonnez de bon gout, couvrez votre sautoir et laissez cuire au four sans y toucher: si parfois il etait par trop sec, ajoutez-y un peu de mouillement sans le remuer; lorsque le riz est cuit, dressez-le avec l'aide d'une fourchette en le laissant tomber en pyramide au milieu du plat.

Oeufs en Cocotte.

Prenez autant de cocottes que vous avez de personnes a dejeuner et plus s'il vous est facile. Il y a plusieurs grandeurs de cocottes, il y en a ou il tiendrait 6 ou 8 oeufs, ceux-la sont en terre emaillee ou en porcelaine, ce qui est encore mieux et plus presentable.

Beurrez donc grassement vos petites cocottes, cassez-y un oeuf frais dans chacune, assaisonnez de sel, poivre et une petite cuilleree de creme bien fraiche. Placez vos cocottes dans un plat a sauter et versez-y de l'eau bouillante de maniere que les cocottes trempent aux deux tiers dans l'eau; les laisser pocher doucement en les poussant au four. Avoir soin de ne pas les laisser trop cuire. Lorsqu'ils sont cuits, ils doivent etre tres moelleux comme un oeuf poche.

Artichauts a la Creme.

Faites cuire des artichauts de meme grosseur, apres les avoir nettoyes et mouchetes. Lorsqu'ils sont cuits, en enlever le foin qui se trouve au milieu, les passer une seconde fois a l'eau pour en enlever le reste de foin qui pourrait y rester, les egoutter et les servir sur une serviette sens dessus dessous, les accompagner d'une sauciere de sauce hollandaise a la creme.

Oeufs brouilles Petit-Duc.

Prenez un litre de petits pois nouveaux, les cuire a l'eau de sel, les rafraichir, les passer au tamis, beurrez cette puree, la mettre dans une poche a patisserie a laquelle vous y adaptez une douille (dite a la rose); faites-en une bordure elegante sur un plat et placez vos oeufs brouilles en pyramide.

Curry d'oeufs a l'Indienne.

Faites cuire durs six oeufs ou plus selon le personnel que vous avez, les rafraichir, en enlever les coquilles, et les diviser en huit morceaux. Passez ensuite un oignon d'Espagne cisele en de au beurre et une cuilleree de poudre de curry; lorsque l'oignon devient blond, versez-y le jus d'un coco comme pour le curry de homard. Lorsque la cuisson est reduite a moitie, versez-y vos morceaux d'oeufs, laissez mijoter quelques minutes et servez accompagne d'un plat de riz cuit a l'eau.

Tomates a la Russe.

Enlever la peau de jolies tomates bien fermes et bien rouges, de meme grosseur, cernez-les en dessus du cote de la queue, de maniere que l'on puisse en enlever les pepins au moyen d'une petite cuiller a legume, les saler, les retourner sur une serviette pour quelques minutes afin de les egoutter de leur eau. Preparez une petite salade de legumes a la cuiller que vous assaisonnez, emplissez vos tomates de cette salade et servez.

Feves de marais a la Bechamel.

Faites cuire a l'eau de sel un ou deux litres de feves fraiches, les rafraichir et en enlever la peau qui est dure a manger, tenez-les ensuite au chaud avec un morceau de beurre frais, deux ou trois cuillerees de bechamel et servez.

Oeufs poches aux Nouilles.

Faites des nouilles (comme il est indique a l'article *nouilles*); coupez-les tres fines, faites-les blanchir a l'eau de sel; les egoutter, mettre un bon morceau de beurre dans une casserole et deux cuillerees de sauce bechamel; y mettre vos nouilles; les sauter pour bien les lier, en leur ajoutant un quart de fromage de Parmesan rape. Dressez vos nouilles dans le milieu d'un plat et placez une couronne d'oeufs poches autour.

Asperges sauce Mousseuse.

Epluchez de belles asperges que vous faites cuire comme il est indique. Au moment de servir, faites une bonne sauce hollandaise dans laquelle vous introduisez quelques cuillerees de creme fouettee.

Croustades d'oeufs aux Epinards.

Faites durcir autant d'oeufs que vous avez de convives et plus s'il est necessaire. Les depouiller de leur coquille. Coupez-en les deux extremites pour en former de petites croustades en les evidant avec un coupe-pate a colonne, sans toutefois aller jusqu'au fond, en enlever les jaunes que vous passerez au tamis de fer en dernier lieu; emplissez le vide de vos oeufs avec une bonne puree d'epinards, replacez le dessus de vos oeufs, saucez-les d'une bonne bechamel pour les napper. Passez ensuite vos jaunes d'oeufs par dessus, couvrez-les d'une cloche, passez-les au four quelques minutes et servez.

Asperges a l'Huile.

Servez des asperges froides sur serviette accompagnees d'une sauciere de sauce vinaigrette (ou mayonnaise, selon le gout des personnes).

Haricots verts a la Creme.

Cuisez des haricots verts a l'eau de sel. Lorsqu'ils sont cuits a point, faites un peu de beurre, maniez un verre de bonne creme, deux jaunes d'oeufs, un morceau de beurre fin, roulez vos haricots dans votre liaison sans toutefois les laisser bouillir.

Cardes au blanc, sauce Hollandaise.

Prenez de belles cardes bien blanches, les laver et les couper d'egale longueur, a peu pres de cinq ou six centimetres de longueur; les faire blanchir dans de l'eau acidulee pour les empecher de noircir, finir de les cuire dans un blanc comme pour les salsifis; les egoutter, les dresser sur un plat et les napper avec une sauce hollandaise.

Choux de Bruxelles au Beurre.

Faites blanchir des choux de Bruxelles a l'eau de sel, les egoutter apres cuisson et les sauter au beurre ensuite.

Salade de Laitue aux oeufs durs.

Procedez comme pour toutes les salades vertes; ajoutez-y seulement des oeufs durs, coupes en lames ou en quartiers.

Topinambours a la Creme.

Epluchez et tournez des topinambours en forme d'olive; les blanchir et les finir de cuire avec du lait, les lier apres cuisson avec un verre de creme, deux ou trois cuillerees de bechamel et un morceau de beurre frais.

Aubergine au Gratin.

Choisissez des aubergines de meme grosseur, les eplucher et les evider, les saler et les retourner sur un plat, afin d'en retirer l'eau; mettez dans une casserole trois ou quatre cuillers de Duxelle, deux cuillers de bechamel, faire reduire le tout ensemble, y ajouter une demi-poignee de mies de pain passees au tamis, bien assaisonner, laissez refroidir, ensuite, garnissez vos aubergines pour mettre un peu de chapelure et les arroser de beurre fondu, les pousser au four, lorsqu'elles sont cuites et de belle couleur, dressez et servez.

Oeufs a la Saint-James.

Beurrez grassement un plat a oeufs assez profond; cassez-y six oeufs frais ou plus, selon la grandeur du plat; les assaisonner, les napper avec un peu de creme double et les couvrir ensuite d'une couche de parmesan rape, arrose d'un peu de beurre fondu; les pousser au four de maniere que le parmesan soit completement fondu et servez bien chaud.

Oeufs poches a la Laponne.

Faites pocher des oeufs frais et laissez-les a l'eau fraiche; d'un autre cote, coupez dans un pain de mie des tranches de pain que vous faites griller; avec un coupe-pate uni coupez des morceaux un peu plus larges que les oeufs, beurrez ces petits canapes et mettez-y une couche de caviar, rechauffez vos oeufs, egouttez et drossez sur vos canapes.

Gnochis au Gratin a la Provencale.

Faites une pate a gnochis. Pochez vos gnochis dans l'eau bouillante de la grosseur d'un petit pain a Lamecque comme une grosse quenelle; egouttez-les sur un linge. D'une autre part, passez un oignon cisele fin dans une casserole avec deux ou trois cuillerees d'huile d'olive, une bonne poignee de riz Caroline; laissez frire quelques minutes sans que le riz se colore. Mouillez a couvert avec du bouillon de legume bouillant, salez, poivrez, ajoutez-y trois bonnes cuillerees de puree de tomates, un morceau de beurre et laissez cuire a couvert au four. Lorsque votre riz est cuit, dressez-le dans le fond d'un plat a gratin; placez-y vos gnochis, nappez-les avec une bechamel legere dans laquelle vous y aurez introduit de la puree de tomates. Couvrez ensuite de parmesan rape, arrosez de beurre fondu et un peu d'huile, poussez-les au four. Lorsqu'ils sont bien montes et colores, servez le plat sur serviette.

Caisses d'oeufs au Gratin.

Faites durcir une demie douzaine d'oeufs; lorsqu'ils sont froids, coupez-les en petits des et autant de champignons blancs et cuits. Melez le tout ensemble, mettez dans une casserole quelques cuillers de bechamel, avec un demi-verre de creme, un morceau de beurre et une pincee de muscade rapee et faites reduire cette sauce de moitie. Melez-y vos oeufs coupes ainsi que les champignons, emplissez des petites caisses en papier ou en porcelaine, saupoudrez d'un peu de chapelure et un petit morceau de beurre dessus, rangez vos petites caisses sur un plafond d'office et poussez-les au four. Lorsqu'elles sont de belle couleur ou tout au moins bouillantes, servez-les sur une serviette.

Choux-Fleurs frits.

Faire cuire un ou deux choux-fleurs, l'egoutter sur un linge, le diviser ensuite par parties egales, assaisonner, tremper les morceaux dans la pate a frire, les plonger dans la friture chaude, les servir en buisson sur serviette, accompagnes d'un bouquet de persil frit.

Omelette aux Huitres.

Faites blanchir une ou deux douzaines d'huitres, les egoutter, en enlever ce qui est dur et ne conserver que les noix, les couper en deux ou trois parties selon leur grosseur, les egoutter sur un linge, les meler ensuite a une cuiller de sauce bechamel reduite avec un peu de cuisson des huitres, faire une omelette, y mettre vos huitres dans le milieu, recouvrir votre omelette et servez.

Asperges froides sauce Mayonnaise.

Les dresser sur serviette, suivies d'une sauciere de sauce mayonnaise.

[Gravure 17.png]
[Gravure 18.png]

CINQUIEME PARTIE

ENTREMETS SUCRES

Pommes meringuees a la Turque.

[Gravure 19.png]

Faites cuire de belles pommes de rainettes en les coupant par moitie dans un plat a sauter grassement beurre, y joindre une poignee de sucre en poudre et un peu de zeste de citron rape; les faire partir sur le fourneau, ensuite, les finir de cuire au four, en ayant soin, toutefois, qu'elles ne soient pas trop cuites, et les arroser de temps en temps avec le beurre de leur cuisson, ensuite, les laisser refroidir.

Ayez une creme de riz patissiere a la vanille, ou vous aurez mele quelques tafias (massepains) ecrases dans votre creme, qui doit servir de dessous de vos pommes; rangez vos pommes en pyramide et meringuez vos pommes, et les decorer, soit avec un cornet en papier ou avec une petite poche a meringue. Lorsque votre decor est termine, glacez-les avec un peu de sucre et passez-les au four, jusqu'a ce que la meringue soit seche et d'une couleur blonde.

Mousse aux Amandes pralinees.

Faites cuire du sucre au casse; ayez des amandes sans etre emondees et tenues au chaud. Lorsque votre sucre est au casse, jetez vos amandes dedans; votre sucre commence a tourner, laissez-le faire et tournez vos amandes jusqu'a ce qu'elles soient cuites interieurement; votre sucre redevient lisse et prend une belle couleur caramel blond; graissez legerement un plafond ou sur le marbre et vous versez vos amandes pour les faire refroidir; d'un autre cote, vous preparez une anglaise tres serree comme pour une mousse a la vanille; pilez vos amandes tres fines; lorsque votre appareil d'anglaise est froid, melez-y les amandes pilees et passez le tout a l'etamine; lui adjoindre le double de creme fouettee; mettre cette mousse en moule (moule-bombe est preferable); les sangler a la glace pilee et salee; il s'agit de prendre bien des precautions pour le sanglage, de bien fermer les moules et de mettre contre les parois des moules soit un peu de beurre ou de saindoux, pour empecher l'eau de glace salee d'entrer dans les moules, ce qui rendrait la glace salee.

Diplomate au Maraschino.

Ayez de beaux biscuits a la cuillere, que vous faites macerer dans du maraschino. Faites une Anglaise un peu collee, comme pour *un bavarois*; huilez un ou deux moules avec de l'huile d'amandes et retournez-le sens dessus dessous, pour qu'il n'y reste pas d'huile;

lorsque votre appareil est pret et que vous y avez ajoute de la creme fouettee, mettez un lit de cet appareil au fond de votre moule, puis vous mettez une couche de biscuits que vous avez mis avec le maraschino; mettez sur ces biscuits une petite couche de marmelade d'abricots, ensuite une couche d'appareil, apres, une couche de biscuits, dessus, une couche de marmelade, et vous finissez d'emplir le moule avec de l'appareil et le mettez a la glace pilee, sans sel. Laissez dans la glace une heure et demie. Prenez un peu de sirop de sucre dans un bain-marie, que vous melerez avec du maraschino, mettez-y, avec, des cerises au sirop et a la glace; lorsque vous demoulerez votre diplomate, vous verserez le sirop au maraschino et les cerises autour; l'essentiel, c'est que le tout doit etre glace.

Riz a l'Imperial.

Faites blanchir du riz Caroline; au premier bouillon, egouttez et couvrez-le entierement de lait, une gousse de vanille et quelques morceaux de sucre, tres peu. Lorsqu'il est cuit a point, sans etre brise, faites une Anglaise un peu collee, introduisez votre riz a moitie, ensuite l'alleger avec de la creme double fouettee. Mettez le tout dans un moule a bordure ou a savarin legerement huile; laissez-le prendre comme un savarin a la glace, ensuite demoulez sur un plat. Mettez une garniture de fruits dans le milieu, selon la saison, en ete soit des cerises passees au sirop ou des fraises a la creme, ou de la macedoine glacee; en hiver, compote de pommes, poires escalopees, ananas, peches, etc., etc.

Pudding Mousseline au Citron.

Proportion pour deux petits moules: une cuillere de sucre gros comme une noix de beurre, cinq jaunes d'oeufs et un zeste de citron. Maniere de proceder: Mettez le tout dans une casserole et prenez cela comme une hollandaise. Passez l'appareil a la mousseline, y ajouter deux jaunes d'oeufs crus et cinq blancs d'oeufs fouettes, mettre l'appareil dans des moules a cylindre unis et beurres, les cuire au bain-marie a l'eau bouillante; retirer ensuite la casserole sur le coin pour en empecher l'ebullition, la couvrir de son couvercle charge de feu, laisser cuire vingt minutes, le demouler et le saucer avec un sabayon ou une puree de fraise suivant la saison.

Sabayon pour Pudding.

Mettez dans une casserole quatre jaunes d'oeufs et un oeuf entier, cent vingt-cinq grammes de sucre en poudre ainsi qu'un jus de citron, fouettez cet appareil sur un feu tres doux ou au bain-marie jusqu'a ce qu'il soit bien mousseux comme pour en faire une genoise a chaud. Versez votre sabayon autour de votre pudding lorsqu'il est demoule sur plat, et servez.

Mousse de Violette voilee a la Suzon.

[Gravure 20.png]

Ayez une demi-livre de fleurs de violette pralinee de Nice d'un bon gout; les piler et les passer au tamis fin; melez le tout a une Anglaise peu sucree et peu mouillee, comme pour une mousse, car, comme il faut y ajouter de la creme fouettee, l'appareil doit etre assez ferme; trois heures avant de servir, moulez dans un moule a bombe et sanglez fortement, en ayant soin de mettre un peu de beurre ou de graisse aux parois du moule, pour que l'eau n'entre dans la mousse. Au moment de servir, mettez dessus votre mousse un petit bouquet de fleurs de violette que vous aurez conserve; vous preparerez un peu de sucre file, bien blanc, pour couvrir votre mousse au moment de partir.

Pudding de Semoule aux Abricots.

Faites cuire de la semoule dans du lait avec un morceau de beurre et une gousse de vanille. Ayez un moule a Charlotte, pas tres haut; beurrez-le. Lorsque votre semoule est cuite, retirez-en la vanille, sucrez-la en y ajoutant trois oeufs battus, en remuant votre appareil: emplissez votre moule et pochez-le au bain-marie, a l'eau bouillante et au four, ou sans cela, avec du feu sur le couvercle de la casserole; d'un autre cote, ayez une bonne compote d'abricot au chaud que vous dresserez en buisson sur votre pudding et une couronne au pied; lorsqu'il sera demoule, envoyez egalement une sauciere de sauce abricot a part.

Croutes de Peches a la Saint-Maurice.

Prenez une brioche mousseline cuite dans un moule a Charlotte. Lorsqu'elle est froide, formez-en des croutons un peu plus grands que la moitie d'une peche. Mettez-les sur un plafond d'office et saupoudrez-les de sucre fin. Mettez-les au four a glacer, des deux cotes: conservez-les au sec; faites pocher des moities de peches dans un sirop leger apres en avoir enleve la peau. Lorsque vos peches sont atteintes, ayez une bonne sauce abricot et au kirsch. Mettez-les dedans jusqu'au moment de les servir; ayez d'un autre cote une bordure de riz sucre; demoulez sur un plat, dressez vos croutons et vos peches, en alternant chaque peche avec un crouton; saucez ensuite et envoyez une sauciere de sauce en meme temps.

Gelee de Mandarine a l'Egyptienne.

[Gravure 21.png]

Faites une gelee avec quelques oranges et citrons et un peu de zeste de mandarine. Chemisez un moule a dome de gelee en l'entourant de glace; montez-y des quartiers de mandarines pour en former les cotes lorsque le moule est garni a peu pres a moitie, ce qui doit former un puits; ayez un appareil a bavarois dans lequel vous y ajouterez quelques cuilleres de riz cuit et sucre ainsi qu'un salpicon de fruit au kirsch. Finissez de remplir votre moule avec un appareil et laissez-le sur glace jusqu'au moment de servir. Faites de petites corbeilles avec les ecorces de mandarines que vous remplissez de gelee ainsi qu'une entiere, que vous emplissez egalement; laissez-les bien prendre sur glace. Demoulez votre gelee sur un plat, entourez-la de vos petites corbeilles et placez votre mandarine entiere et decoupee a jour sur le sommet, se reposant sur une autre moitie renversee, tel que le dessin.

Peches a l'Andalouse.

Pochez des peches separees en deux et epluchez-les dans un sirop leger et vanille; lorsque vos peches sont pochees, egouttez-les et laissez-les refroidir; faites, d'un autre cote, une anglaise a la vanille, un peu collee, dans laquelle vous y aurez introduit de la creme fouettee et quelques cuillerees de riz cuit et sucre, et moulez dans un moule a bordure que vous tenez sur la glace; au moment de servir, demoulez votre bordure sur un plat, dressez-y vos peches, emplir le puits avec de la creme fouettee vanillee. Nappez vos peches avec un peu de gelee rose mi-prise avec une cuillere ou un pinceau et servez.

Gateau plombiere a la Pompadour.

[Gravure 22.png]

Faites de la genoise a chaud que vous mettez cuire sur deux plafonds d'office, assez grands pour les detailler en rond, afin de les superposer les uns sur les autres de maniere a en former un gateau tel que le dessin, seulement en ayant soin de les vider pour en former une timbale; le premier doit etre plein, pour servir de fond, le dernier doit etre egalement plein pour servir de couvercle: coller toutes les couronnes avec de l'abricot pour monter le gateau, ensuite le glacer au fondant rose et decorer a la glace royale. Lorsqu'il est termine, passez la lame de votre couteau au-dessous du couvercle, l'enlever et garnir votre gateau, au moment, d'une plombiere de fraise ou tout autre glace, selon la saison. Garnissez egalement le pied de votre gateau d'une couronne de gaufres en cornet garnie de creme pistachee, recouvrez le gateau et servez.

Gateau Montmorency au Kirsch.

Beurrez un moule a pain de gibier et chemisez-le d'amandes hachees; l'emplir a moitie avec de la pate a savarin, le laisser revenir dans un endroit tiede; lorsqu'il est a la hauteur du moule, poussez-le au four de maniere qu'il cuise doucement, preparez un sirop et enoyautez des belles cerises que vous cuisez au sirop. Lorsque votre gateau est cuit, demoulez-le, siropez-le avec du sirop au kirsch et mettre dans le puits les cerises que vous avez preparees, et liez le sirop avec quelques cuillerees d'abricots passees a l'etamine: nappez votre gateau et envoyez une sauciere de sauce a part.

Melon en Surprise.

Faites un biscuit fin et le cuire dans un moule a melon en fer-blanc, le laisser refroidir, en vider le tiers interieurement et le laisser secher un peu; preparez des peches en sirop, ainsi que des abricots, que vous coupez par quartiers; faites une creme patissiere a la farine de riz vanillee et bien sucree, comme pour les Saint-Honore. Lorsqu'elle est chaude, incorporez-lui quelques blancs fouettes, emplissez le vide de votre biscuit, en alternant vos fruits. Lorsque votre melon est plein, renversez-le sur un plat et nappez-le d'un bon sabayon a la vanille.

Bombe a l'Orientale.

[Gravure 23.png]

Faites un appareil de glace ainsi compose: une demi-livre de gin-gembre au sirop, pile et passe au tamis fin; le jus de trois ou quatre citrons et un peu de sirop; une pinte de creme double fouettee comme pour une mousse; choisir un moule a bombe, l'emplir et le mettre dans la glace salee deux heures environ, le demouler au moment de servir et l'entourer de quartiers de petits citrons confits comme le dessin ci-contre.

Mousse de Peches glacee au Kirsch.

Faites une puree de peches, sucrez avec du sucre en poudre et un verre de kirsch; laissez fondre le sucre; deux heures avant de servir, melez-y la creme fouettee; emplissez un moule a bombe et sanglez a la glace pilee et au sel. Au moment de servir, demoulez sur serviet-te, et envoyez une ou deux assiettes de petits gateaux.

Charlotte de Pommes a l'Abricot.

Prenez des belles pommes de rainette, epluchez-les, ensuite mettez un bon morceau de beurre etale dans un plat a sauter, coupez vos pommes en lames tres minces, emplissez votre plat a sauter, sucrez-les avec une poignee de sucre en poudre et un peu de zeste de citron, cuisez-les doucement au four sans les bruler; d'un autre cote, prenez un moule a Charlotte, que vous foncez comme il suit: prenez un pain de mie, coupez dedans des tranches tres minces de la largeur de deux centimetres et de la hauteur du moule a Charlotte; commencez par faire le fond du moule en coupant vos petits morceaux ronds et allonges en pointe vers le milieu du moule, de maniere a en former une rosace, en ayant soin de tremper chaque morceau dans du beurre fondu; lorsque le fond est garni, dressez les autres en hauteur, en ayant soin de les mettre un peu a cheval les uns contre les autres, en les appuyant contre les parois du moule; lorsque votre moule est monte, emplissez-le avec vos pommes, en ayant soin d'y mettre un peu de marmelade d'abricot dans le milieu. Couvrez votre moule egalement avec quelques tranches de pain de mie et poussez-le au four; lorsque la Charlotte est cuite et que le pain est d'une belle couleur, demoulez sur un plat, glacez-la a blanc et servez; l'on peut aussi envoyer une sauciere de sauce abricot en meme temps, selon les gouts.

Pudding Conquerant.

[Gravure 24.png]

Beurrez un moule a dome, emplissez-le a moitie de pate a savarin, laissez revenir la pate et le cuire ensuite. Lorsqu'il est assez froid, pour pouvoir le couper en tranches minces horizontalement, beurrez ce meme moule, placez-y vos tranches de savarin et quelques fruits secs maceres dans un peu de maraschino. Montez ainsi votre moule, cassez trois oeufs entiers que vous fouettez avec un quart de sucre en poudre et un peu de lait. Versez le tout dans votre moule, de maniere que le savarin soit bien imbibe et que votre salpicon de fruits soit bien entre chaque tranches. Faites-le pocher au bain-marie. Pendant sa cuisson, faites un peu de meringues pour le decorer aussitot sorti du moule et passez-le quelques minutes au four pour cuire la meringue, et envoyez avec une sauciere de sauce abricot au maraschino.

Flan de Pommes a la Portugaise.

Foncez un moule a flan; garnissez-le de marmelade de pommes aux deux tiers; lorsqu'il est cuit, laissez-le refroidir. D'une part, avez de belles pomme de Calville: coupez-les en deux et les parer comme pour une compote: faites-les cuire au sirop leger. Lorsqu'ils sont cuits, egouttez-les et placez-les sur votre flan, symetriquement, en mettant la plus belle au milieu; decorez-les avec des fruits confits ou au sirop, comme cerises, prunes de Reine-Claude, oranges, etc. Avec le jus de vos pommes, faites une gelee de pomme, un peu serree, que vous versez sur un rond de papier de la grandeur de votre flan. Lorsque votre gelee est froide, renversez votre rond de papier sur votre flan, du cote ou est la gelee; mouillez legerement le papier par-dessus, afin qu'il se decolle de la gelee. Enlevez le papier et servez.

Avec la gelee de pomme, l'on peut en faire de plusieurs couleurs. En y ajoutant les couleurs liquides de Breton, cela sert a decorer beaucoup d'entremets.

Mousse aux Pistaches.

[Gravure 25.png]

Emondez des pistaches assez pour un moule, pilez-les avec un peu de sucre et quelques gouttes de lait de maniere a ce qu'elles puissent passer sur tamis; d'un autre cote, faites une bonne anglaise un peu serree; lorsqu'elle est froide, melez-y vos pistaches, passez, terminez avec de la creme, fouettez, emplir un moule a dome comme le dessin, le couvrir hermetiquement avec son couvercle, le sangler dans la glace pilee et salee; au moment de servir, le demouler sur un plat; parsemez dessus quelques pistaches hachees et pralinees d'avance, garnissez le pied de petits gateaux de feuille-tage a blanc ainsi que sur le sommet en en formant une couronne.

Pommes au Riz.

Choisissez de belles pommes de rainette, les eplucher, les vider avec un vide-pomme, les placer dans un plat a sauter beurre, avec un peu d'eau ainsi qu'un peu de sucre en poudre; les pousser au four; pendant leur cuisson, avoir soin de les arroser avec le beurre et le sirop de pommes. Faites cuire du riz a part dans du lait; lorsqu'il est cuit, sucrez-le, dressez votre riz dans le fond d'un plat d'entremets, dressez-y vos pommes en garnissant l'interieur de chacune, de gelee de groseilles ou de marmelade d'abricots.

Gateau Genois garni de Creme.

[Gravure 26.png]

Faites un moule de genoise fine dans laquelle vous introduisez deux ou trois onces d'amandes hachees fines; apres cuisson, laissez-le refroidir, faites-y une entaille circulaire afin d'y faire un puits aux deux tiers de sa hauteur; preparez un salpicon de fruit que vous faites macerer dans du kirsch et un peu de sirop; fouettez de la creme double; melez-y vos fruits; glacez a l'avance votre gateau, soit a l'orange ou tout autre gout, celui que vous preferez; garnissez votre gateau comme le dessin le marque; decorez sa base avec des quartiers d'orange glaces et des cerises angeliques, et servez.

Pudding Mousseline a l'Orange.

Mettez, dans une casserole moyenne, gros comme une noix de beurre, deux cuillerees de sucre en poudre et un peu de zeste d'orange rape, cinq jaunes d'oeuf, tournez le tout soit au bain-marie ou sur le coin du fourneau comme une hollandaise. Lorsque l'appareil est assez consistant, passez-le a l'etamine ou a la mousseline, ajoutez a cela trois jaunes d'oeuf crus et cinq blancs fouettes. Mettre l'appareil dans un moule a cylindre beurre. Le cuire au bain-marie a l'eau bouillante, retirer ensuite la casserole sur le coin pour en empecher l'ebullition, la couvrir de son couvercle charge de feu, laisser cuire vingt minutes, le demouler et le saucer avec une puree d'oranges au sabayon.

Sabayon a l'Orange.

Mettez dans une casserole quatre jaunes d'oeuf et un oeuf entier, 125 grammes de sucre en poudre, un zeste d'orange rape et le jus d'une orange, fouettez cet appareil sur un feu doux ou au bain-marie jusqu'a ce qu'il soit bien mousseux. Versez votre sabayon autour de votre pudding lorsqu'il est demoule sur plat et servez.

Timbale de Poires a l'Abricot.

Ayez une timbale de brioche que vous videz aux trois quarts; glacez-la exterieurement a l'abricot chaud, et decorez-la soit au feuilletage blanc ou a la glace royale, selon le gout de la personne; prenez des poires dites de Martin-Sec, coupez-les en quatre sur leur longueur et tournez-les en gousse d'ail; faites-les cuire dans un poelon d'office ou une casserole avec de l'eau, quelques morceaux de sucre et une gousse de vanille, de maniere a en former un sirop tres leger; faites-les cuire a petit feu; l'on peut y ajouter aussi une cuilleree de sirop de groseille ou une goutte de carmin pour leur donner une couleur plus vive d'un rouge cerise. Lorsque vos poires sont cuites, liez le sirop avec quelques cuillerees d'abricot passe au tamis fin d'avance, emplissez votre timbale decoree et servez.

Croutes aux Peches a la Ninon.

Faites cuire du riz au lait avec une gousse de vanille: lorsqu'il est cuit, mettez-y un morceau de beurre, du sucre et un oeuf battu; bourrez un moule a bordure, l'emplir de votre riz et le faire pocher au bain-marie et au four.

D'un autre cote, ayez des peches que vous separez en deux, eplu-chez-les et faites-les pocher dans un sirop leger et vanille, faites des croutons de la meme grandeur que vos moities de peches, soit avec de la brioche ou du pain de mie que vous passez au four en les glacant avec du sucre des deux cotes: demoulez votre bordure de riz sur un plat, placez-y vos croutons et vos peches a cheval en al-ternant un crouton entre chaque moitie de peche; saucez dessus avec une sauce abricot au kirsch et envoyez bien chaud.

Reinettes en Robe de chambre.

Pelez des belles pommes de reinettes, enlevez les pepins avec un vide-pomme, de maniere a en former un puits; ayez des rognures de pates a feuilletage que vous etendez sur le tour; coupez-en les ronds assez larges, de maniere que chaque abaisse puisse envelopper chaque pomme; placez la pomme sur l'abaisse; introduisez dans le puits un peu de sucre en poudre et un petit morceau de beurre; mouillez le tour de l'abaisse et couvrez chaque pomme en relevant les cotes de la pate sur les dessus; placez-y encore une petite abaisse; cannelez le feuilletage sur le dessus; les dorer et les cuire au four; les glacer a chaud au dernier moment et les servir sur serviette.

Gateau Leonie Godet.

Beurrez et farinez un moule a manque.

Preparez un appareil a genoise a chaud, emplissez votre moule et le cuire selon les regles. Lorsqu'il est cuit, le faire refroidir, le couper en quatre tranches sur son epaisseur, preparez une creme d'amandes tres fine que vous mettez sur chaque tranche, reformez votre gateau, le glacer dessus seulement, soit au fondant, au cafe ou autre gout, passez ensuite avec un pinceau de l'abricot bien chaud autour du gateau et le sabler avec des amandes hachees et grillees, faites un petit decor au cornet sur les bords et au milieu, mettez: Leonie Godet.

Compote de Peches.

Choisissez une douzaine de belles peches, les eplucher en les plongeant a l'eau bouillante, en enlever la peau, les couper par moitie et les faire pocher dans un sirop leger et vanille, les laisser refroidir et les servir dans un compotier avec un peu de sirop. Faites accompagner la compote d'une assiette de petits gateaux assortis.

Brioche a la Polonaise.

Beurrez un moule a timbale, emplissez-le aux deux tiers de sa hauteur de pate a brioche, laissez-la revenir dans un endroit tiede, comme pour une brioche mousseline, la cuire lorsqu'elle est assez revenue; en sortant du four, arrosez-la d'une Polonaise (beurre noisette et mie de pain), accompagnez-la d'une sauce abricot, ainsi qu'une compote de poires dites Martin-Sec.

Richelieu aux Fruits.

Beurrez et farinez deux moules a manque, l'un plus petit que l'autre, de maniere a en former une pyramide. Mettez dans un bassin 300 grammes de sucre vanille et huit oeufs entiers, les fouetter sur un feu doux comme pour la Genoise a chaud; lorsque l'appareil devient bien mousseux et leger, incorporez-lui 250 grammes de farine sechee a l'etuve et 200 grammes de beurre fondu en dernier lieu, emplissez vos moules et cuisez a four doux comme pour les biscuits, laissez-les refroidir lorsqu'ils sont cuits.

Coupez-les par moitie, abricotez chaque tranche, les reformer en les superposant les uns sur les autres, le plus grand dessous, le plus petit dessus. Abricotez-les autour avec un pinceau, glacez votre gateau au fondant, soit a l'orange ou tout autre gout; decorez-le ensuite avec des fruits confits autour et dessus. En former une jolie corbeille ou un panier entoure d'une petite guirlande d'angelique et de cerises.

Fraises a la Creme.

Choisissez des fraises bien fraiches et bien mures, les eplucher, les placer dans un compotier ou un saladier. Mettre un lit de fraises, un lit de creme fouettee et sucree a la vanille, un lit de fraises et ainsi de suite jusqu'a ce que votre compotier soit rempli, placez-le a la glace quelques minutes et servez. Il faut toujours accompagner les fraises de petits gateaux.

Pudding de Cabinet a la Manon.

Beurrez un moule timbale, y mettre un rond de papier dans le fond egalement beurre, faites un joli decor avec des fruits confits que vous aurez passes a l'eau tiede et essuyes ensuite, tels que angelique, cerises, oranges, prunes, etc., selon le gout de la personne;

placez sur ce decor un rond de biscuit de la meme grandeur du fond de la timbale pour empecher le decor de se deranger. D'une autre part, emiettez deux douzaines de biscuits a la cuiller et quelques petits ratafias ou macarons, mettez le tout avec quatre oeufs entiere et deux jaunes dans une terrine et 125 gr. de sucre, vanillez, travaillez cet appareil avec une cuiller, mouillez avec moitie creme et du lait ainsi que deux cuillerees de riz cuit a la vanille sans etre brise, emplissez votre moule, le faire pocher a l'eau bouillante au bain-marie et au four; lorsqu'il est cuit demoulez-le sur un plat et servez autour une puree de fraises au sirop.

Il serait bon que chaque dejeuner soit termine par une compote de fruits, selon la saison, ainsi qu'une assiette de petits gateaux.

Chartreuse de Fraise.

Faites de la gelee au citron ou a l'orange, comme il est indique article Gelee. Mettez un moule a pain dans de la glace pilee; lorsque votre gelee commence a se congeler, chemisez votre moule et placez des demi-fraises par rang. Un rang du cote ordinaire de la fraise et un rang du cote coupe, de maniere, en alternant, vous aurez une colonne rouge et une colonne blanc-rose; lorsque votre moule est completement plein, laissez-le dans la glace jusqu'au moment du service: on le demoule a l'eau chaude, le mettre sur un plat et emplir le puits avec de la creme fouettee et vanillee, faites un petit decor au cornet sur la pyramide de la creme et envoyez en meme temps des petits gateaux.

Timbale de Cerises a la Montmorency.

Cuisez une brioche mousseline dans un moule a Charlotte et laissez-la refroidir apres cuisson et videz-la pour en former une timbale. D'un autre cote, enoyautez deux ou trois livres de belles cerises sans les deformer, cuisez les dans une bassine avec du sucre en poudre, a grand feu en les sautant. Lorsque vous voyez que les cerises sont assez atteintes, les egoutter de leur sirop, melangez au sirop deux ou trois cuillerees de marmelade d'abricot et un verre de kirsch, le faire reduire un peu, remettre vos cerises et le placer dans un poelon jusqu'au moment d'emplir votre timbale. Avez soin qu'il se trouve assez de sirop pour que la timbale soit bien imbibee.

Cussy glace au Kirsch.

Lorsque j'etais citez MM. Julien, de la Bourse, j'ai retenu la recette, car ce sont eux qui l'ont inventee pour leur intime ami Bourbonneux, ainsi que le Gorenflot, et c'est justement ce gateau qui a l'ait la reputation de la maison Bourbonneux qui, a cette epoque, commencait a pericliter.

Voici la proportion: 16 oeufs, 600 grammes de sucre en poudre, 300 grammes de farine, 50 grammes de fecule, 250 grammes d'amandes pilees avec une cuilleree de marmelade d'abricot et 2 oeufs et passee au tamis, 250 grammes de beurre fondu, vanille et zeste de citron rape.

Fouettez les oeufs et le sucre dans un bassin sur un feu doux comme pour la genoise. Travaillez d'une autre part les amandes, la marmelade et les deux oeufs separement ainsi que le beurre et un peu de votre appareil: lorsque les deux appareils sont assez fouettes, melez-les ensemble et emplissez aux deux tiers des moules a flanc fonces de papier beurre et farine. Les cuire a four doux; lorsqu'ils sont bien cuits, laissez-les refroidir sur une grille, faites un fond en pate seche pour soutenir votre gateau; lorsque vous serez pour le monter, passez un peu de marmelade d'abricot entre chaque couche pour les coller a mesure que vous les superposez les uns sur les autres. Lorsqu'il est monte, abricotez-le, glacez-le avec du fondant leger au kirsch, decorez-le avec des cerises demi-sucre sur sa couronne, et au pied mettez des cerises ou fraises glacees au sucre au casse.

Macedoine de Fruits glaces.

Zestez une orange ou deux ainsi qu'un citron que vous mettez dans un peu de sirop tiede pour en avoir le parfum, ainsi qu'une gousse de vanille: pelez les fruits de saison, tels que peches, bruniaux, abricots, un peu d'ananas, cerises enoyautees, fraises, raisins blancs et noirs et quelques petites groseilles blanches et rouges, framboises et oranges, tous fruits que vous pouvez avoir.

Les couper par quartier comme des petits quartiers d'orange. Mettez le tout dans une sorbettiere, passez un peu de sirop froid dessus, une demi-bouteille de Champagne et le sirop, passez des zestes que vous avez appretes, laissez une heure a la glace sans sel et servez dans un saladier accompagne de petits gateaux.

Glace au Cafe Vierge.

Faites bruler du cafe dans un poelon d'office et le faire infuser dans du lait bouillant. Pour le reste, proceder comme pour les anglaises. (Voyez anglaise pour glace.)

Bombe glacee aux Fruits.

Chemisez un moule a bombe d'un appareil de glace a la vanille, et a l'interieur d'une glace a l'abricot ou autre, selon le gout. Lorsque votre bombe est demoulee, garnissez le pied d'une petite macedoine de fruits egalement a la glace et au kirsch, ainsi qu'une assiette de petits gateaux.

Timbale de Peches Marie-Louise.

[Gravure 27.png]

Faites une plaque de pate a genoise a 16 oeufs. Lorsque votre genoise est cuite et refroidie, coupez-en des ronds de 9 a 10 centimetres de diametre, les evider, les monter les uns sur les autres en les collant avec de la marmelade d'abricot, ensuite meringuez la timbale et la decorer au gout de la personne. Cuisez au sirop leger des moities de peches epluchees, assez pour garnir le pied de votre timbale; d'un autre cote, passez au tamis des peches cuites au sirop, faites reduire cette puree dans une casserole, au moment de servir, mettez a plein feu et incorporez 6 blancs d'oeufs a votre puree, emplissez votre timbale de ce souffle et dressez vos peches au pied. Arroser d'un peu de sirop au kirsch, envoyer a part une sauciere de sauce abricot au kirsch.

Charlotte Cecillia.

Glacez au fondant des carres de Genoise de deux gouts et de deux couleurs: foncez un moule a Charlotte d'un rond de papier et une bande egalement a l'interieur, sur sa hauteur; par le moyen d'un cornet de glace a decorer, soudez vos petits carres en les montant de maniere qu'ils soient places en damier: faites un petit fond de pate d'office un peu plus large que le moule: lorsque votre moule est monte et qu'il est assez sec pour le demouler, mettez-le sur le fond avec votre cornet, faites un petit decor au pied afin d'assujettir votre Charlotte; emplissez-la d'une bonne glace aux amandes pralinees et servez.

Mousseline a l'Orange.

Proportion: une livre de sucre, 14 jaunes, le jus d'un demi-citron et le zeste rape d'une orange ainsi que son jus, 10 onces de farine, 14 blancs fouettes. Mettez une livre de sucre dans une terrine avec 14 jaunes et le zeste rape d'une orange, battez le tout ensemble jusqu'a ce que la pate devienne blanche et legere, ajoutez le jus d'un demi-citron, battez encore un peu de temps, mettez encore le jus d'une orange et une ou deux gouttes de carmin, afin que la pate prenne un leger ton de couleur rose, melez ensuite votre farine et 14 blancs fouettes. Cuisez cet appareil dans des moules a manque beurres et farines, poussez au four pas par trop chaud; lorsqu'ils sont cuits, demoulez-les sur une grille et laissez refroidir pour les glacer au fondant a l'orange, decorez avec des ecorces d'oranges confites en petits carres.

Ce gateau est tres leger et peut accompagner soit une glace a l'orange ou une gelee, etc., etc.

Envoyez une compote de fruits ainsi que des petits gateaux.

Gateau Bradada aux Amandes.

[Gravure 28.png]

Mettez dans une terrine une demi-livre de sucre, six onces d'amandes passees au tamis et six jaunes, battez le tout avec un fouet ou une cuillere de bois; comme gout, mettez du sucre vanille; lorsque la pate est a peu pres grise, fouettez six blancs, melez a la pate un quart de farine tamisee, ainsi que vos blancs pris, beurrez un moule dit a manque-farine, le remplir de votre appareil et le cuire au four doux; lorsqu'il est cuit, le laisser refroidir, le glacer au chocolat et le decorer a la glace royale.

Envoyez en meme temps une compote de fruits, ainsi que des petits gateaux.

Timbale de Marrons a la Nianza.

Emondez de beaux marrons a l'eau bouillante, de maniere qu'ils soient nets de leur peau, les cuire dans du lait, un peu de sucre et une ou deux gousses de vanille; lorsque vos marrons sont cuits, les passer au tamis apres les avoir egouttes, faites avec la cuisson une anglaise un peu collee, melez-y votre puree, ensuite coupez une bande de papier de la hauteur d'un moule a charlotte, huilez legerement cette bande de papier que vous placez sur plaque d'office, etalez votre puree de marrons dessus bien egale, a peu pres d'un centimetre d'epaisseur partout, laissez refroidir sur glace, ayez a part soit un fond en genoise ou en pate d'office: lorsque votre appareil est froid et qu'il a de la consistance, enlevez votre bande de papier sur laquelle est votre timbale, rapprochez-en les deux extremites pour les relier et en former une timbale, soudez les deux cotes se joignant, enlever le papier et emplir la timbale de creme fouettee glacee a la vanille; vous pouvez servir des marrons glaces autour de la timbale.

Servez aussi une compote de fruits et des petits gateaux.

Les petits Sabots de Noel en Surprise.

[Gravure 29.png]

Faites, avec de la pate a gaufre aux amandes, des petits sabots comme se font les petits cornets a la creme. Laissez-les dans un endroit bien sec, ayez ensuite un gateau de Genoise assez large et glace au fondant. Ce gateau doit servir de base, comme l'indique le dessin.

Foncez ensuite un moule a dome avec une pate seche, de maniere en former une cloche, que vous glacez egalement et decorez selon votre gout, soit avec des fruits confits ou a la glace royale. Montez sur votre Genoise une pyramide de petits bonbons de plusieurs couleurs et varies. Recouvrez le tout avec la cloche, placez-y les petits sabots garnis de petites dragees de couleur en les collant avec un peu de glace royale, y mettre egalement un peu de verdure, soit du gui et des petites feuilles de houx.

Il faut envoyer ce gateau pour le the ou le gouter des enfants; celui qui doit les servir coupe le dome en plusieurs parties et laisse entrevoir l'interieur. La surprise des enfants est extreme.

Gateau Cardinal Perraud.

Faites de la genoise a chaud que vous mettez cuire sur deux plafonds d'office assez grands pour les detailler en rond, afin de les superposer les uns sur les autres, de maniere a en former un gateau de 15 a 20 centimetres de hauteur sur 12 centimetres de diametre a sa base et de 8 de diametre sur la hauteur. L'evider sur le milieu de maniere a en former une timbale, le glacer au fondant a la fraise, decorer le couvercle des attributs des cardinaux et emplir le vide avec une glace aux cerises au moment de servir.

Croutes d'Ananas a la Joinville.

Cuisez un savarin de moyenne grandeur et laissez-le refroidir. Divisez-le en deux sur sa hauteur. Le pied vous servira pour dresser le haut. Coupez le dessus en petites tranches en biais, de sorte que chaque tranche fasse un joli crouton d'un demi-centimetre d'epaisseur. Coupez dans un ananas des lames a peu pres egales a vos croutons; faites un sirop au marasquin; au moment de dresser, trempez chaque crouton dans le sirop et alternez en dressant un crouton et une tranche d'ananas, ainsi de suite. Il est certain qu'il vous restera quelques croutons, mais mettez juste ce qu'il faut pour faire un joli entremets. Emplissez le puits avec de la creme fouettee et vanillee et nappez le tout d'un sirop d'abricot au marasquin legerement teinte rose.

Servez en meme temps une compote de fruits et de petits gateaux.

[Gravure 30.png: CROUTES D'ANANAS A LA JOINVILLE]

Tonkinoise glacee au Cafe.

[Gravure 31.png: TONKINOISE GLACEE AU CAFE]

Faites cuire une plaque de pate comme suit la recette:

Mettez dans un bassin une demi-livre de sucre en poudre, huit oeufs entiers, une cuiller d'essence de cafe et un petit verre de kirsch, prenez cette pate en la fouettant sur une casserole d'eau bouillante comme pour la genoise a chaud, melez-y ensuite, quand la pate est assez montee, un quart de farine tamisee et trois onces de farine de riz et six onces de beurre fondu; renversez votre pate sur une plaque a rebord et garnie d'un papier beurre, cuisez-la au four ordinaire; lorsque la pate est cuite et tout a fait refroidie, coupez des ronds avec un emporte-piece, de maniere a en former des gradins qui, superposes les uns sur les autres, serviraient a en former un bastion. Chaque morceau doit etre evide, excepte le premier qui doit en former le fond, les deux du haut doivent etre un peu plus larges que les autres; les coller et les monter soit avec de la marmelade d'abricot ou autre; lorsque votre gateau est monte, le glacer au fondant au cafe, le decorer en y formant de petits creneaux ainsi qu'a sa base, selon le gout de la personne. Dressez dans le puits une glace au cafe en rocher et servez.

Charlotte de Gaufres a la Palmerston.

[Gravure 32.png]

Foncez un moule a Charlotte avec des gaufrettes en tuyaux de deux couleurs, blanc et rose, collez-les ensemble avec un cornet de glace royal. En les montant, faites attention aussi que le devant de la gaufrette presente sa plus jolie surface etant demoulee; pour cela, vous avez besoin d'un fond pour pouvoir mettre la Charlotte. Faites aussi un petit decor sur le milieu de chaque gaufre, soit blanc pour les roses et rose pour les blancs: emplissez votre moule fonce de glace plombiere de fraises, renversez votre Charlotte sur le fond prepare et mettez dessus et autour du pied des fraises trempees dans du sucre en poudre.

Servez en meme temps une compote de fruits ainsi que des petits gateaux.

Amandine aux Fruits.

Beurrez un moule a Charlotte assez bas, foncez-le de pate a Savarin dans le fond, mettez-y un lit d'amandes hachees et pralinees, remettez-y une couche de pate, un autre lit d'amandes et ensuite une autre couche de pate, de maniere que le moule se trouve a moitie de sa hauteur; laissez revenir dans un endroit tiede. Lorsque le moule est plein, entourez-le d'une bande de papier beurre et le pousser au four; pendant le temps de sa cuisson, preparez un salpicon de fruits que vous faites macerer dans un sirop leger, un bon verre de kirsch ou de noyaux et quelques cuillerees de marmelade d'abricots passee au tamis tin. Lorsque votre gateau est cuit, siropez-le avec du sirop au kirsch ou aux noyaux. Couvrez-le de salpicon de fruit et servez.

Beignets de Pommes.

Epluchez des pommes de reinette de meme grosseur, parez-en les doux extremites afin de les rendre de la meme largeur; coupez-les en tranches egales et enlevez le milieu avec un coupe-pate ou un vide-pomme, de maniere a en enlever l'endocarpe qui se trouve dans le centre; placez ces tranches dans un plat creux, les saupoudrer de sucre en poudre parfume, soit a la vanille, a l'orange ou au citron; versez par dessus un verre de kirsch ou cognac ou meme de rhum, selon les gouts; arrosez-les de temps en temps afin que les tranches s'impregnent de la liqueur; ayez, au moment du service, de la bonne friture bien chaude, trempez vos tranches l'une apres l'autre dans de la pate a frire preparee d'avance, et les plonger ensuite dans la friture chaude par petites quantites; remuer les beignets avec une ecumoire ou un attelet afin que la cuisson soit egale; lorsqu'ils sont de belle couleur, les retirer de la friture, les egoutter sur un linge, les poser ensuite sur une grille preparee sur un plafond, les laisser a la bouche du four afin d'attendre les autres que vous avez remplace dans la friture; lorsque le tout est termine, saupoudrez-les de sucre en poudre parfume; les dresser en couronne sur serviette et les envoyer brulants.

Pate a frire pour Beignets.

Mettez dans une terrine une demi-livre de farine tamisee, faites au milieu une petite fontaine; mettez-y un peu de sel, versez-y de l'eau par petite quantite a la fois que vous remuez avec une cuiller de bois de maniere a en former une pate lisse sans grumeaux, avoir soin de la tenir pas trop epaisse, qu'elle soit comme une creme; ajoutez-y deux ou trois cuillerees d'huile en la tournant toujours; au dernier moment, ajoutez-y deux ou trois blancs d'oeufs fouettes tres fermes que vous melez a votre pate en la melant legerement.

Beignets de Peches.

Choisissez de belles peches, les separer en deux, en Enlever la peau, les faire macerer dans un verre de liqueur et un peu de sucre en poudre une demi-heure avant le servies, afin que l'arome penetre dans la chair; ayez de la bonne friture chaude, egouttez vos peches et les plonger a la friture; apres cuisson, les egoutter sur un linge, les saupoudrer de sucre parfume, les dresser en couronne sur serviette bien chaude.

Beignets d'Abricots.

Procedez comme pour les peches; ayez soin, toutefois, que vos abricots ne soient pas tres avances comme maturite, et tenir la pate a frire un peu plus ferme.

Beignets de Bananes.

Choisissez des bananes bien mures et tendres, leur enlever la peau, les fendre en deux sur leur longueur, les faire macerer dans un verre de liqueur et un peu de sucre en poudre pendant une heure environ, ensuite les frire comme les beignets de pommes et autres. Cet entremets se fait beaucoup en Egypte, mais les marchands de comestibles en recoivent beaucoup, et il est tres facile de s'en procurer.

Beignets de Creme de Riz.

Mettez dans une casserole trois cuillerees de farine de creme de riz, deux cuillerees de farine ordinaire, un peu de sel ainsi qu'un peu de sucre vanille; delayez le tout avec du lait et tournez cet appareil sur le feu avec une cuiller de bois, en ayant soin que la creme n'attache pas au fond de la casserole: lorsque la creme devient consistante, melez-lui trois jaunes d'oeufs pour bien la lier, ensuite beurrez une feuille de papier posee sur un plafond; renversez-y votre creme en l'unissant dessus de maniere qu'elle soit egale en epaisseur: laissez-la refroidir pour en couper des rondelles que vous passez dans du macaron ecrase, ensuite passez-les a l'oeuf et faites frire a bonne friture; les egoutter ensuite, les sucrer avec du sucre en poudre parfume et les dresser sur serviette.

Beignets de la Vierge.

Dans le moment ou l'acacia est en fleurs, c'est le moment de les utiliser pour en faire des beignets dont le parfum si doux ressemble aux fleurs d'oranger; ce plat sucre est des plus faciles a executer; prenez de jolies grappes fleuries d'acacia, les tremper dans de la pate a frire comme les autres beignets, les egoutter sur un linge apres cuisson, les saupoudrer de sucre vanille, les servir en buisson sur serviette.

Beignets souffles.

Mettez dans une casserole a peu pres 60 grammes de beurre, autant d'eau, un grain de sel; mettez sur le feu; lorsque le tout se met a l'ebullition, ajoutez-y 60 grammes de farine tamisee, remuez cette pate afin qu'elle se desseche quelques minutes, retirez-la du feu et mouillez-la d'abord avec un oeuf en remuant fortement avec une cuiller de bois; remettez-y encore un oeuf et remuez toujours afin que la pate prenne du corps et devienne lisse; melez-y une cuilleree de sucre vanille ou autre arome; d'un autre cote, ayez de la friture chaude, avec le moyen d'une cuiller, faites tomber de petites boules dans la friture; lorsque vous en avez suffisamment, tournez-les avec une ecumoire jusqu'a parfaite cuisson; egouttez-les ensuite sur un linge, les saupoudrer de sucre et les servir en buisson sur serviette; l'on peut egalement envoyer une sauciere de sauce abricot a part.

Tarte aux Cerises a l'Anglaise.

Ayez un plat carre long a rebords plats et assez profond. Presque tous les magasins de faience vendent ces plats qui se sont francises, j'en vois chez tous les marchands, et sont meme tres utiles pour aller a la campagne; ils sont tres transportables pour pique-nique, partie de chasse, partie de plaisir champetre, etc.

Prenez des belles cerises bien mures a cuire (dites Montmorency ou l'Anglaise), en enlever seulement les queues, les mettre dans votre plat sans les enoyauter; lorsque votre plat est bien plein, couvrez vos cerises de sucre en poudre ainsi qu'un demi-verre d'eau; d'une autre part, faites une pate a tarte ainsi composee: Mettez sur le marbre ou sur une table une livre de farine tamisee, trois quarts de beurre, 30 grammes de sucre en poudre et deux ou trois jaunes d'oeufs ainsi qu'une pincee de sel; maniez cette pate en la frisant entre les mains de maniere a la rendre compacte, faites-en une abaisse avec le rouleau, coupez autour une petite bandelette de la largeur du bord du plat, mouillez les bords du plat et placez-y votre bandelette en appuyant avec le pouce; mouillez la bande et couvrez entierement la tarte en appuyant egalement autour afin de bien souder la pate; mouillez legerement la tarte, semez par dessus un peu de sucre en poudre et cuisez a four modere; a la cuisson, votre tarte doit etre d'une belle couleur blonde et le couvercle bien bombe; l'on voit ordinairement lorsque les fruits sont cuits par un jet de vapeur s'echappant entre les bords du plat a tarte et la pate, alors votre tarte est completement cuite; laissez-la refroidir dans un endroit frais et servez toujours sur serviette, accompagne d'un bol de creme fouettee ou simplement d'un petit pot de creme fraiche. Toutes les tartes de fruit se font de la meme maniere.

Tarte aux Groseilles et Framboises.

Emplissez un plat a tarte de groseilles et autant de framboises, couvrez-les de sucre et procedez comme pour les cerises.

Tarte au Cassis.
Tarte aux Groseilles a Maquereau.
Tarte a la Rhubarbe.
Tarte au Verjus.
Tarte aux Mures sauvages.
Tarte aux Peches.
Tarte aux Abricots.

L'on fait egalement des tartes d'oranges; l'on remplace les fruits par un tampon de papier; vous couvrez votre tarte et vous la faites cuire; lorsque le couvercle est cuit, vous le detachez du plat a tarte, vous y mettez vos quartiers d'orange ainsi qu'un peu de sirop aromatise de liqueur, vous saupoudrez votre couvercle avec un peu de blanc d'oeuf et de glace de sucre et servez sur serviette; l'on peut egalement servir dans les memes conditions des tartes de macedoine de fruits glaces, en conservant le plat sur la glace; ordinairement, ces sortes de tartes ne se servent qu'au grand dejeuner, bien rarement pour un diner.

Tarte aux Pommes.

Les pommes se font en tarte egalement en les epluchant et en les coupant par lames fines avec un peu de zeste de citron ou de canel; pour le reste, l'on procede comme pour tous les autres fruits, tarte aux mirtilles, etc., etc.

Gelee sucree pour bal.

Zestez une demi-douzaine d'oranges et citrons; mettez les zestes dans un sirop leger pour infuser quelque temps; mettez dans une casserole une livre et demie de sucre, une demi-livre de gelatine blanche et trois litres d'eau, le jus de 6 citrons et de 6 oranges; laissez la gelatine se dissoudre a moitie; melez a tout cela quatre blancs d'oeufs moitie fouettes; mettez votre gelee sur le feu, ajoutez-y votre infusion de zeste et tournez-la sur le feu jusqu'a ce qu'elle soit fremissante et laissez-la sur le coin du feu de maniere que les blancs pochent doucement; vous voyez, peu de temps apres, la limpidite qui vient toute seule. Lorsque vous avez un moment, montez votre chausse dans la boite a gelee ou entre deux chaises; passez de l'eau bouillante dans la chausse et passez ensuite votre gelee deux ou trois fois de suite; lorsque votre gelee coule limpide, laissez-la couler jusqu'a la derniere goutte, ensuite vous la divisez par parties comme autant de sortes de gelees que vous voulez faire et au gout que vous desirez: il est toujours bon d'essayer la gelee dans un petit moule sur la glace pour voir ce que vous pouvez mettre de liqueur, car pour les bals, les gelees doivent etre plus consistantes que la gelee destinee pour un diner: avec ce fond de gelee, vous pouvez faire toutes sortes de gelees: aux fruits, aux liqueurs fouettees, panachees, colorees, etc., cela fait un joli effet sur une table de souper, surtout lorsque les gelees ne sont pas trop grosses: les petites gelees sont preferables, aussi cela se fait beaucoup maintenant; l'on peut egalement monter ces gelees avec les fruits comme chartreuse de fraises, ananas, etc.

Les Pains de Fruits.

Se font avec la pulpe du fruit passee a l'etamine et a froid; faites clarifier de la gelatine que vous etendez de sirop et que vous melez a la pulpe du fruit ainsi que plusieurs jus de citrons, lorsque la gelatine commence a devenir tiede, vous mettez en moule et sur glace, toujours avec des moules a cylindre, de sorte, lorsqu'ils sont demoules, vous pouvez garnir le milieu de creme fouettee.

Les pains de fraises, les pains d'abricots, de peches, framboises, tout fruits ayant de la pulpe, etc.

Ordinairement, tous les pains de fruits sont generalement accompagnes d'assiettes de petits gateaux.

Les Mousses de Fruits.

Les mousses de fruits se font presque de la meme maniere que les pains, seulement il n'y entre pas de gelatine; la puree du fruit est sucree avec un sirop assez fort, et le tout fini avec de la bonne creme double fouettee, ensuite vous mettez en moule et sanglez a la glace de deux heures a deux heures et demi, selon la grandeur du moule. Tous les fruits peuvent se faire en mousse, et comme les autres il faut les accompagner de petits gateaux.

[Gravure 33.png]

TRAITE GENERAL

de

LA CUISINE MAIGRE

Sixieme Partie

MENUS

de

Dejeuners et de Diners Maigres

[Gravure 34.png]

MENUS DE DINERS

Premier diner.

Potage Julienne.
Soles au beurre.
Vol-au-Vent de Gnochis.
Queues de Homard au Gratin.
Pommes meringuees a la Turque
Sardines a la Diable.

Deuxieme diner.

Puree Crecy an Riz.
Eperlans frits a la Brochette.
Croutes aux Champignons.
Darne de Saumon.
Salade de Crevettes.
Choux-fleurs au Gratin.
Mousse aux Amandes pralinees.

Troisieme diner.

Puree de pois aux croutons a la Fermiere.
Saumon braise sauce Saltibot.
Turban de merlan a la Beaumont.
Timbale de spagetti a la Florentine.

Diplomate au Maraschino.

MENUS DE DEJEUNERS

Premier dejeuner maigre.

Rougets grilles Maitre-d'Hotel.
Vol-au-Vent aux Quenelles de Brochet.
Omelette aux Truffes.
Salade de Homard.
Lentilles au Beurre.
Pommes au Riz.

Deuxieme dejeuner maigre.

Filets de sole a la Fontange.
Gratin de Turbot a la Duchesse.
Oeufs brouilles aux Pointes d'Asperges.
Salade Italienne.
Salsifis frits.
Amandines aux Fruits.

Troisieme dejeuner maigre.

Tranches de Saumon grillees a la Tartare.
Escargots a la Bourguignonne.
Oeufs poches a l'Oseille.
Pommes de terre Anna.
Pudding mousseline a l'Orange.

Quatrieme dejeuner maigre.

Sole au Vin blanc.
Timbale de Gnochis a la Creme.
Oeufs brouilles aux Champignons.
Langouste a la Parisienne.
Haricots verts sautes au Beurre.
Croutes aux Peches a la Ninon

[Gravure 35.png]

MENUS DE DINERS

suite

Quatrieme diner.

Potage Tortue clair.
Merlan au Gratin.
Paupiettes de filets de Soles demi-deuil.
Cassolettes de Nouilles a la Piemontaise.
Riz a l'Imperial.

Cinquieme diner.

Bisque de Homard au riz.
Fritures de Goujon de Seine.
Pain de Brochet a la Mariniere.
Pommes de terre a la Crapaudine.
Mousse de Violette voilee a la Suzon.

Petits bateaux d'Huitres souffles.

Sixieme diner.

Puree de Celeri a la Creme.
Petits Bugues frits au Beurre.
Boudins de Merlan a la Meuniere.
Langouste a la Grimaldi.
Epinards au Beurre noisette.
Pudding de Semouille aux Abricots.

MENUS DE DEJEUNERS

(suite)

Cinquieme dejeuner maigre.

Morue sauce aux Huitres.
Petites Pommes de terre nouvelles au Beurre.
Coulibiac de Saumon a la Russe.
Grenouilles a la Poulette.
Croutes aux Champignons a la Duras.
Salade de Laitues aux oeufs.
Rainettes en robe de chambre.

Sixieme dejeuner maigre.

Alose grillee a l'Oseille.
Tourte aux Poireaux.
Truite froide sauce Tartare.
Asperges sauce mousseuse.
Gateau Leonie Godet.
Compote de Peches.

Septieme dejeuner maigre.

Moules a la Poulette.
Maquereaux grilles a la Maitre-d'Hotel.

Croustades d'oeufs aux Epinards.
Asperges a l'huile.
Brioche a la Polonaise.
Compote de Martinsec.

Huitieme dejeuner maigre.

Huitres de Cancale au Chablis.
Harengs frais sauce Moutarde.
Omelette aux fines Herbes.
Langouste a la Vinaigrette.
Pommes de terre a la Crapaudine.
Richelieu aux Fruits.
Fraises a la Creme.

[Gravure 35.png]

MENUS DE DINERS

suite

Septieme diner.

Creme d'Asperges aux pointes.
Barbue sauce Hollandaise.
Timbale de Gnochis aux Tomates.
Crabe dresse a l'Anglaise.
Salsifis frits.
Croutes de Peches a la Saint-Maurice.

Huitieme diner.

Potage aux Huitres.
Filet de Truite sauce Crevette.
Croquettes de ris de Tortue a l'Indienne.
Pate de pommes de terre a l'Ecossaise.
Petites Sarcelles sous la cendre.
Petits Pois a la Romaine.
Gateau plombiere a la Pompadour.

Neuvieme diner.

Potage Palestine.
Saint-Pierre sauce Hollandaise.
Cuisse de laitance de Carpe a la Louvois.
Vol-au-vent a la Bechamel.
Coquilles de Homard au Gratin.
Haricots verts sautes au Beurre.
Gelee de Mandarine a l'Egyptienne.

MENUS DE DEJEUNERS

(suite)

Neuvieme dejeuner maigre.

Merlans au Gratin.
Timbale de Lazagnes a la Reine.
Oeufs mollets aux Tomates.
Darne de Saumon froid a la Ravigote.
Petits Pois a la Romaine.
Pudding de cabinet a la Manon.
Compote et petits Gateaux.

Dixieme dejeuner maigre.

Hors-d'oeuvre.
Cotelettes de Turbot a la Varsovienne.
Queues de Homard au Gratin.
Oeufs de Pluvier a la Gelee.
Salade verte.
Artichauts a la Creme.
Gateau Cussy.
Macedoine de Fruits glaces.

Onzieme dejeuner maigre.

Hors-d'oeuvre.
Sardines a l'huile.
Beurre.
Artichauts poivrade.
Friture de Goujons.
Turban de filet de Sole aux Truffes.
Oeufs brouilles Petit-Duc.
Riz a la Valencienne.
Asperges froides sauce Mayonnaise.
Chartreuse de Fraises a la Creme.
Petits Gateaux.

[Gravure 37.png]

MENUS DE DINERS

(*suite*)

Dixieme diner.

Puree de Potiron a la Creme.
Darne de Saumon sauce Mousseuse.
Matelotte d'Anguille Bourguignonne.
Macaroni au Gratin.
Calecanom a l'Irlandaise.
Mousse aux Pistaches.

Onzieme diner.

Potage Brunoise.
Rouget grille Maitre d'Hotel.

Cotelettes de Turbot Normande.
Mousse de Homard a la Russe.
Petites carottes a la Creme.
Bombe a l'Orientale.

Douzieme diner.

Potage d'Esturgeon au Vesiga.
Cabillaud sauce aux oeufs.
Timbale d'Ecrevisses.
Gnochis au Gratin.
Tomates farcies.
Peches a l'Andalouse.

MENUS DE DEJEUNERS
(*suite*)

Douzieme dejeuner maigre.

Hors-d'oeuvre: Filets de Harengs fumes, Radis et Beurre.
Soles frites a la Nantaise.
Matelotte de Carpe a la Bourguignonne.
Oeufs en cocotte.
Salade Russe.
Laitues farcies au Beurre.
Timbale de Cerises.
Compote de Groseilles blanches.
Gateaux.

Treizieme dejeuner maigre.

Hors-d'oeuvre: Sardines Beurre, Melon.
Petites Truites de Lac grillees, sauce Remoulade.
Paupiettes de Sole a la Mazarine.
Currie d'oeufs a l'Indienne.
Tomates a la Russe.
Feves de marais a la Bechamel.
Timbale de Peches Marie-Louise.
Glace au Cafe vierge.
Petits Gateaux.

Quatorzieme dejeuner maigre.

Hors-d'oeuvre:
Petits souffles d'Eglefin fumes, Beurre en coquille et Radis.
Filets de Barbue a la Moneret.
Omelette aux Huitres.
Sarcelles a la Polonaise.
Choux-fleurs frits.
Timbale de Marrons a la Nianza.
Compote et petits Gateaux.

[Gravure 38.png]

Treizieme diner.

Puree de Legumes a la Creme.
Truite sauce Crevette.

Cromesquis de Merlans a l'Anglaise.
Souffle a la Parmentier.
Courges Gratinees a la Bernard.
Gateau Montmorency au Kirsch.

Quatorzieme diner.

Consomme de Racines au Sagou.
Sterlet a la Creme aigre.
Cotelettes de Turbot a la Pojarski.
Sarcelles roties sur Canape.
Chicoree a la Creme.
Pudding Conquerant.

Quinzieme diner.

Potage de Laitance aux Petits Pois.
Bar sauce aux Carpes.
Vol-au-Vent de Macaroni aux Truffes.
Mayonnaise de Homard a la Denise.
Aubergines frites a l'Americaine.
Mousse de Peches glacee au Kirsch.

MENUS DE DEJEUNERS
(suite)

Quinzieme dejeuner maigre.

Hors-d'Oeuvre: Caviars, Radis, Beurre.
Rougets gratines Napolitaine.
Vol-au-Vent de Turbot a la Bechamel.
Oeufs poches aux Nouilles.
Crabe dresse a l'Anglaise.
Haricots verts a la Creme.
Bombe glacee aux Fruits.
Petits Gateaux.

Seixieme dejeuner maigre.

Hors-d'Oeuvre: Filets de Harengs marines.
Cresson et Beurre frais.
Raie au Beurre noir.
Cotelettes de Homard a La Rosselin.
Oeufs a la Saint-James.
Salade de Celeris a la Dijonnaise.
Cardes sauce Hollandaise.
Charlotte Cecilia.
Compote et petits Gateaux.

Dix-septieme dejeuner maigre.

Hors-d'Oeuvre: Artichauts a l'huile, Sardines et Beurre.
Filets de Sole a la Jouvencienne.
Darne de Truite a la Moscovite.
Oeufs poches a la Laponne.
Aubergines au Gratin.
Gateau Bradada aux Amandes.
Compote de Fruits.
Petits Gateaux.

[Gravure 39.png]

Seizieme diner.

Brunoise au Tapioca.
Darne de Saumon sauce Genevoise.
Creme de Homard a la Royale.
Croutes aux Champignons.
Choux marins sauce au Beurre.
Melon en surprise.

Dix-septieme diner.

Sagou aux Navets.
Filets de Maquereaux Maitre-d'Hotel.
Petites Bouchees aux Truites.
Oeufs poches aux Epinards.
Salsifis frits.
Gateau Genois garni de Creme.

Dix-huitieme diner.

Puree de Tomates a la Fermiere.
Brochet farci aux Truffes.
Medaillons de Truite a la gelee.
Omelette Russe.
Croquettes de Pommes de terre.

Charlotte de Pommes a l'Abricot.

Dix-huitieme dejeuner maigre.

Hors-d'Oeuvre: Crevettes a la Glace, Beurre, Olives, Anchois.
Filets de Perche a l'Italienne.
Friture d'Anguille.
Croustades d'Oeufs a l'Oseille.
Choux de Bruxelles au Beurre.
Mousseline a l'Orange.
Compote de Fruits.
Petits Gateaux.

Dix-neuvieme dejeuner maigre.

Hors-d'Oeuvre: Thon marine, Huitres, Beurre et Radis.
Sardines fraiches grillees a la Maitre-d'Hotel.
Pain de Merlan a la Dieppoise.
Gnochis au Gratin a la Provencale.
Salade de Laitue aux oeufs.
Topinambours a la Creme.
Croutes d'Ananas a la Joinville.
Compote de Fruits et petits Gateaux.

Vingtieme dejeuner maigre.

Hors-d'Oeuvre:
Filet de Saumon fume, Celeris, Raves en salade, Beurre en coquille.
Rougets Grondins au Beurre.
Caisses d'Oeufs au Gratin.
Ecrevisses a la Royat.
Croquettes de Riz au Fromage.
Chicoree a la Creme.
Charlotte de Gaufres a la Palmerston.
Compote de Fruits et petits Gateaux.

[Gravure 40.png]

MENUS DE DINERS (suite)

Dix-neuvieme diner.

Julienne de Celeris aux Quenelles de Saumon.
Filet de Turbot a la Creme.
Petits Pates chauds de Crevettes.
Croquettes de Riz au Parmesan.
Vitelottes a la Creme.
Timbale de Poires a l'Abricot.

Vingtieme diner.

Puree de Poireaux a la Creme.
Truite de Lac an Beurre fondu.
Petites Bombes au Vesiga a la Russe.
Currie de Homard a l'Indienne.
Choux de Bruxelles sautes au Beurre.
Tonquinoise glacee au Cafe.

Vingt-et-unieme diner.

Puree de Marrons a la Creme.
Cabillaud sauce aux Huitres.
Cotelettes de Homard a la Saint-Brice.
Laitues farcies au Beurre.
Lazagnes au Gratin.
Flanc de Pommes a la Portugaise.

Menu de Banquet.

Tout en poisson.

Je me rappelle avoir eu a preparer, lors de l'Exposition de Phila-
delphie, un banquet compose exclusivement de poisson, ce banquet
etant donne par tous les marchands de poisson du Nouveau-Monde
et chacun d'eux apportait le poisson de son pays. J'ai dans mes voy-
ages egare ce menu bizarre que je vais essayer, de memoire de re-
constituer depuis le potage jusqu'au dessert.

Potages: Aux Huitres,

Tortue verte (clair),

Terrapines (lie).

King-fish au bleu sauce Genevoise.

Cheap-shead fish sauce Ravigotte.

Filets de Halibut aux Coquillages.

Paupiettes de Pompineau a la Lafayette.

Croustades de Muscalonge a la Creme.

Petites bouchees de Grenouilles a la Poulette.

Sea fish d'Amerique rotis.

Galantine de Black fish a la gelee.

Crabes mous frits.

Mayonnaise de Homard.

Queues de Homard au Gratin.

Gombos a la Creme.

Mais au Beurre.

Gelee de Poisson au Vin de Californie.

[Gravure 41.png]

Diner maigre de Prelats

Servi a l'occasion d'une promotion au Cardinalat

MENU

POTAGES
Tortue Clair a la Stuart.
Bisque d'Ecrevisses a la Leon XIII.

HORS-D'OEUVRE
Petites Bouchees aux Huitres.

POISSONS
Cotelettes de Turbot a la Cardinal.
Saint-Pierre sauce Hollandaise.

ENTREES
Souffle de Homard a la Cardinal Richard.
Timbale de Gnochis a la Romaine.

RELEVE
Saumon froid historie a la Gelee.

ROTIS
Sarcelles sur Canape.
Langoustes a la Parisienne.

ENTREMETS
Asperges en Branche sauce Mousseline.
Truffes au Champagne.
Gateau Cardinal Perraud.
Supreme d'Ananas au Kirsch.
Mousse de Fraise glacee.

SAVOURY
Canape de Caviars.
Cremes frites au Gruyere.

DESSERT
Cafe — Vins fins et Liqueurs.

[Gravure 42.png]

SEPTIEME PARTIE

MENUS ET RECETTES

(Gras et Maigre)

Menu double, gras et maigre.

Il y a un Angleterre, une Societe dont les membres ne mangent ni viande, ni poisson. Le president de cette Societe (Vegetarian Society) est tres riche et possede de grandes proprietes dans le Comte de Surrey, a six milles de Guildford, West Horsley. Il est le roi de la contree et se nomme Lord Lovelace. Maintes fois j'ai eu ce noble comte a diner au chateau, ce qui me permet de donner ici un specimen de ses repas. J'avais vingt-cinq couverts et une petite sauterie comme disent les familles Anglaises (c'est-a-dire un petit bal de cent cinquante a deux cents personnes apres le diner). J'ai du servir son *diner complet* compose seulement de legumes, pendant que les autres convives mangeaient le leur, ainsi qu'on le verra par les menus annexes ci-contre.

MENU DOUBLE, GRAS ET MAIGRE

Maigre *(1 couvert)*

Servi par un homme expres.

Puree de Crecy aux croutons.
Cepes de Bordeaux gratinees au Beurre.

Entrees.

Petites bouchees Creme d'Asperges.
Fonds d'Artichauts printaniers.
Souffle a la Parmentier au Beurre noisette.
Cardons a la Bechamel.
Punch a la Sultane.
Truffes a la Serviette.
Asperges a la Creme.
Salade a l'Italienne.
Timbale Pompadour.
Caroline de Fraises glacees.
Petits Souffles au Parmesan.

Complet *(25 couverts).*

Consomme aux Perles du Bresil.
Puree Saint-Germain.
Saumon sauce Genevoise.
Filets du Sole Norvegienne.
Blanchailles friture.
Creme de Volaille, Pointes d'Asperges.
Noisette d'agneau, puree de Champignons.
Filet de Boeuf Richelieu.
Poulardes soufflees a la Orloff.
Punch a la Sultane.

Cailles de vigne sur canape.
Aspic de foie gras a l'Isabelle.
Asperges a la Creme.
Timbale Pompadour.
Caroline de Fraises glacees.
Huitres soufflees.
Petites Tartelettes creme de Homard.

Diner 25 couverts
servi chez Lord Lathom.

Consomme Fermiere.
Creme de Homard Profitolis.
Saumon a l'Ecossaise.
Cotelettes de Soles Pontoises.
Mousseline a la Torcy.
Chaufroid Dumenil.
Hanche de Venaison a l'Anglaise.
Selle de Mouton Bretonne.
Poulardes froides a la Monglas.
Salade printaniere.
Ortolans en coquille.
Asperges sauce Mousse.
Biscuit de Fruit Macedoine.
Nougat a la Montreuil.
Creme Fromage glacee
Glace Ludovicus Pascalus.

Mousseline a la Torcy.

Faites blanchir un peu de macaroni de Naples, le rafraichir, l'egoutter et le couper menu, a en former de petits anneaux. Beurrez un moule a bombe et montez ce moule avec ces petits anneaux, les uns contre les autres. L'on peut, en mettant un peu de macaroni dans un bain de safran, obtenir une couleur jaune, ce qui ferait deux sortes de couleurs: l'on peut egalement en faire du rose, pour obtenir un joli decor. Ayez de la farce de volaille montee a la creme fouettee, vous chemisez votre moule, fortement, en y laissant un point pour mettre une bonne garniture financiere; recouvrez le moule de farce et faites-le pocher, dressez et saucez d'une sauce supreme et envoyez le reste de la sauce dans une sauciere.

Diner de Vendanges.

Menu d'une Pelee(1)

Escargots au Chablis
Murette a la Bourguignonne
Petits Poulets a la Vault-Laurent
Filet de Boeuf pique sauce Verjus
Pate de Lievre a la Gelee
Perdreaux rotis
Salade
Celeris braises au Jus
Brioche Mousseline
Cafe et Dessert

(1) Je ne sais si le mot *Pelee* est francais, mais c'est un mot fort usite en Bourgogne pour exprimer une sorte de rejouissance organisee par un proprietaire rentrant sa derniere recolte. Il y a grand repas de famille, auquel prennent part les ouvriers et ouvrieres. La voiture qui ramene les derniers raisins coupes est pavoisee de fleurs, de rubans, ainsi que des attributs de vigneron. Les jeunes gens et jeunes filles dansent et chantent autour de la voiture, se rejouissant de la fin de la vendange.

Petits Poulets a la Vault-Laurent.

Prenez de jeunes poulets que vous decoupez comme pour la fricassee a l'ancienne, marquez dans une casserole quelques rondelles de carottes, deux beaux oignons coupes, un bouquet garni a deux clous de girofle, y mettre les morceaux de poulet et les mouiller a couvert avec de la creme a bouillir, les saler et poivrer. Apres une demi-heure de cuisson, retirez les morceaux, et passer le fond a la mousseline et le lier avec trois jaunes et un bon morceau de beurre fin. Servir vos poulets bien chauds.

Souper du 31 mai.

POTAGES

Consomme de Volaille
Tortue Clair

ENTREES CHAUDES

Cotelettes d'Agneau aux Petits Pois
Poulets rotis au Cresson
Cailles de vigne sur Crouton
Truffes a la serviette

ENTREES FROIDES

Cotelettes de truite a la Demidoff (Pommes de terre et Truffes)
Salade de Homard garnie d'oeufs et Concombres
Filets de Sole a la Cendrillon, salade russe au milieu
Petites Galantines de Volaille a la Gelee
Noisettes d'Agneau en Chaudfroid Comtesse (Pointes d'Asperges)
Chaudfroid de Mauviette a la Bohemienne (Truffes et Foie gras)
Medaillon de Volaille a la Parisienne (Petits Pois)
Jambon d'Yorck a la Gelee
Petits poulets printaniers decoupes
Sandwiches a la Reine
Petits pains a la Francaise
Asperges en branches sauce Creme

ENTREMETS

Gelee Macedoine au Champagne
Bavarrois Moscovite Chocolat et Cafe
Mousses de Fraises et Abricots
Petite Patisserie variee

Souper de bal du 6 mai, de noces d'argent
servi chez M. Grenfeld

POTAGE

Consomme de Volaille

ENTREES CHAUDES

Cotelettes d'Agneau Petits Pois
Poulets sautes Chasseur

FROID

Darne de Saumon a la Parisienne
Filets de Sole a la Norvegienne
Ballotines de Volaille aux Truffes
Pains de Foie Gras a la Royale
Medaillons de Poularde a la Renaissance
Chaudfroid de Cotelettes d'Agneau a la Russe
Oeufs de Pluvier en Aspic
Paniers Printaniers
Poulets froids Langues Jambon
Petits Pains farcis de Homard
Sandwiches assorties et Pain Bis
Asperges en Branches a l'Huile

Entremets

Bretons Histories
Gelees au Champagne et aux Fruits
Ananas Glaces au Vin Riotte
Macedoines de Fruit Glace
Patisserie Variee

Menu de bal a Hatchland.
Souper du 3 juin 1890.

CHAUD

Consomme de Volaille
Cotelettes d'agneau a la Bergere
Poulets de printemps au Cresson

FROID

Saumon a la Parisienne
Filets de soles a la Cendrillon
Ballotines de chapon aux Truffes
Medaillons de volaille a la Pompadour
Mousses de foies gras a l'Isabelle
Chaudfroid de mauviettes a la Torelli
Mayonnaise de homard a l'Ermenouville
Poulets froids a Gelee
Langues de jambon decoupees
Sandwiches assorties
Petits pois a la Francaise
Asperges en branche, sauce Norvegienne

ENTREMETS

Gelees aux fruits et liqueurs
Macedoine de fruits au Champagne
Creme parisienne
Patisseries variees
Glace a l'orange, citron, fraise
Cafe glace et The a la creme glace

Noel en Ecosse.

[Gravure 43.png: GATEAU DE NOEL]

Bal de Christmas a Mount-Stuart.

Dans l'Ile de Bute, a cinq milles de Rothesay, se trouve un chateau admirable au milieu d'un grand parc, que baigne l'Ocean, ce chateau est repute comme le plus grand chateau du monde, sinon le plus somptueux. C'est dans ce palais que j'ai servi un *bal de Christmas* plutot princier qu'un bal de serviteurs. Presque tous les fournisseurs de Londres y etaient venus, ceux d'Edimbourg, de Cardiff et de Glasgow, j'avais *carte blanche* pour que rien ne manquat. Le maitre d'hotel egalement.

Le marquis de Bute nous laissa les salons a notre disposition et s'en alla passer quelques jours en voyage pour ne pas nous troubler dans les apprets de notre bal. Les lettres d'invitations furent lancees, je partis moi-meme pour Edimbourg et Glasgow faire mes provisions, nous avions trois jours pour nous preparer.

Nous etions cinq a la cuisine et deux extras que je pris en plus; tout alla pour le mieux. Le bal devait s'ouvrir a dix heures du soir, a neuf heures tout etait dresse, il n'y avait plus qu'a continuer; j'avais engage le proprietaire de *Queen Hotel*, de Rothesay, et ancien chef de la famille Rothschild, afin de venir me remplacer avec son personnel pendant la nuit du bal, ainsi que pour s'occuper des rafraichissements et servir les glaces. Les valets de pied etaient egalement remplaces par des "extras" pour faire leur service, de sorte que tous les serviteurs de la maison etaient libres au bal; il y avait tous les grands fermiers des alentours et les fournisseurs. Les toilettes des dames etaient fort belles et gracieuses.

Seules, la femme de charge et les filles de service du chateau etaient coiffees d'un bonnet, richement orne de dentelle et de ruban aux couleurs de la maison, afin de les reconnaitre parmi les invites, ce qui se fait generalement dans les grandes maisons; ordinairement ce sont le maitre et la maitresse de maison qui ouvrent le bal en costume de chasse a courre (Hunting dress). Le maitre de maison est en habit rouge. A minuit le souper fut servi, chacun emmena sa danseuse a table dans une salle decoree avec des cartouches de toutes couleurs, avec des inscriptions telles que: *Longue vie au marquis!* God save the queen! Soyez les bienvenus! etc., les armes des Stuart John, Patrick, Crickton Stuart, marquis de Bute, comte de Dumfries, baron de Cardiff, etc., etc., avec les armes differentes. La salle du souper etait decoree de la meme maniere.

Menu de Souper.

Consomme chaud
Saumon sauce ravigotte
Piece de boeuf salee — Rosbeef froid a la gelee
Jambon a la gelee — Dinde farcie a la gelee
Poulets et langues decoupees
Galantine de volaille — Mayonnaise de homards
Petits pains a la Francaise
Breton, Babas Napolitains
Gelee a l'orange et Liqueurs
Cremes variees
Patisseries assorties
Dessert
Glaces vanille et orange
Cafe et the glace

Le milieu de la table etait tenu par un gateau de bienvenue comme pour les baptemes et mariages, de quarante-cinq centimetres de diametre sur trente de hauteur sur un socle decore de vingt centimetres de hauteur entoure a sa base par des bannieres en soie a franges d'or et ou etaient peintes les armes des Stuart. Sur la hauteur et sur le centre etait plantee une banniere plus grande aux armes entieres du marquis.

Ce gateau n'est pas mange a table, chacun en emporte un petit morceau apres le bal, comme souvenir; quant aux vins, c'etait le Scherry et le Bordeaux; mais ce qu'il y avait de plus beau, c'etait sur la table garnie de fleurs, de grandes bouteilles majestueuses de Champagne aux armes du marquis. Chaque bouteille contenait quatre bouteilles ordinaires de Champagne; a la fin du souper, l'on but a la sante du noble amphitryon, a celle de la reine et de sa famille, etc., sans oublier non plus la sante des preparateurs et organisateurs de la fete.

Apres le souper l'on dansa jusqu'au jour, et chaque invite emporta avec lui le doux souvenir du bal de Christmas du chateau de Mount-Stuart.

Un diner de Noel en Angleterre en 1866.

Le temps passe vite, c'etait dans les premiers temps ou j'habitais l'Angleterre, ne sachant pas meme me faire comprendre dans la langue du pays. Mais j'etais jeune, ardent au travail, et resolu de donner pleine satisfaction a tous ceux qui voulaient bien m'occuper.

Je fis la connaissance de M. Elme Francatelli, qui devint un de mes meilleurs amis, ancien officier de bouche de la reine Victoria. Il me prit en affection des mon arrivee a Londres et m'envoya passer les fetes de Noel (ou Christmas) a Eaton Hall (Cheshire), residence actuelle du duc de Westminster. C'etait la premiere fois que je quittais Londres depuis mon arrivee; je trouvais etrange que personne, sur le parcours de mon voyage, ne parlat francais. Enfin M. Fort, le maitre d'hotel, vint me chercher a la station de Chester. Heureusement la femme de chambre, qui etait Francaise, me servit d'interprete plusieurs fois par jour. Je montai aux ordres, et ma besogne se trouva toute tracee pour la semaine.

Vingt-quatre couverts pour dejeuner, luncheon et diner a la table du maitre, et cinquante serviteurs divises en deux tables composaient le programme de ma besogne.

Tous les soirs, il y avait soiree dansante ou bien theatre, dont les acteurs n'etaient autres que les gentilshommes du chateau, et dont la plupart des spectateurs etaient des invites d'alentour, fermiers, gens des ecuries, enfin tous les serviteurs. Il y avait, apres la representation, un souper qui n'etait pas l'acte le moins agreable de la piece. Cette piece, jouee en anglais, devait etre assez drole, car elle etait intitulee *l'Oie de Noel*, et celui qui tenait le principal role etait applaudi souvent. J'avais compris que tous s'amusaient, excepte moi.

Chaque soir, un souper etait dresse pour tout ce monde. Chacun se chargeait d'y faire vraiment honneur. Il est inconcevable d'imaginer la quantite de viande que l'on consomme dans ce pays.

Voila pour le dejeuner des domestiques, servi dans le *servants hall*, ou tous les serviteurs en livree et filles de chambre mangent ensemble, quoique a hierarchique distance des premiers serviteurs, tels que le maitre d'hotel, la femme de charge, la femme de chambre, officier d'annonce, valets de chambre, couturiere et autres invites specialement. Cette table etait servie par un domestique en livree et qui s'appelle le *steward room-boy*. Elle se composait (a 8 heures du matin) de:

1o Une grande *piece de boeuf sale* ou *rosbeef froid*; 2o cinquante livres a peu pres d'un enorme *pate de lapin*; 3o d'un *jambon*. Comme chaud, plus des oeufs, du lard fume et du poisson grille.

Le dejeuner des premiers domestiques (8 h. 1/4) comportait:

1o Un *rosbeef a la gelee*; 2o un *jambon*; 3o une *galantine de volaille*; 4o un *poulet froid*, plus *langue, pate de gibier, terrine de foie gras*, le tout garni de gelee et dresse sur une table a part. Comme chaud, *poisson grille* ou *frit, cotelettes* ou *poulet grille, saucisses, oeufs* et *lard fume*, etc…

Le dejeuner des maitres (9 h., en buffet) comportait:

Rosbeef, jambon, pate de gibier, terrine de foie gras, galantine, buisson de crevettes, faisans rotis, poulet et langue, le tout dresse avec de la gelee. Cette table reste servie jusqu'apres le lunch. Quant au *chaud*, c'est toujours du *poisson frit* ou *grille, cotelettes, rognons brochette, poulet* ou *grouse grilles* ou *sautes, oeufs* de tous genres, *lard fume*, etc.

Au diner de 1 heure, pour les serviteurs:

Une *piece de rosbeef, dinde rotie, oie, legumes*, le *plum-pudding* traditionnel, *minces-pies, gelees, fruits*, sans compter, pour ce jour-la, vins et liqueurs a profusion, etc.

Tout le monde se rejouit beaucoup en pleine liberte. Pour ces jours de fetes, les salles sont decorees de guirlandes de verdure et de fleurs par le maitre jardinier. Des cartouches sont apposes avec les armes de la maison, sans oublier le fameux *bouquet de gui* pendant au-dessus des portes. Lorsqu'une jeune fille passe dessous, le spectateur a le droit de l'embrasser. S'il se trouve aupres d'elle a ce moment, la permission dure jusqu'au lendemain du jour de l'an.

Voila bien des plaisirs varies et fort agreables pour tout le monde…, excepte peut-etre pour les artistes de la cuisine retenus a leur devoir jour et nuit…

A ce point de vue, les fetes de Noel en Angleterre ont leur inconvenient.

Mais n'est-ce pas un peu toujours ainsi, dans la vie? Et le plaisir des uns n'est-il pas presque toujours une cause de labeur pour les autres?

Loin de m'en plaindre, pour ma part je n'ai pas moins conserve un excellent souvenir du fatigant Noel de 1866.

Medaillon de Faisan a la Courtyralla.

Lorsque vous avez des restes de faisan roti, prenez-en les chairs qui restent apres les os, pilez-les en y joignant le cinquieme du volume de foie gras. En pilant ces chairs, ajoutez un peu de sauce chaudfroid un peu collee, assaisonnez bien. Passez le tout au tamis fin, ensuite remettez l'appareil dans une casserole et tenez dans de l'eau tiede.

Huilez des moules a cotelettes ou de forme de medaillon, les remplir de cette puree et les tenir sur glace pour les faire refroidir. Les demouler ensuite et les napper avec une sauce chaudfroid ou fumet de faisan.

Ayez un fond de riz taille pour pouvoir les dresser autour d'une salade de legumes a l'italienne, ou d'un buisson de truffes dressees dans une petite coupe dont le pied sert a soutenir les medaillons.

On peut aussi decorer les medaillons avec de la truffe ou des blancs d'oeufs poches.

Lorsque ce plat est dresse, entourez les medaillons d'un leger filet de gelee finement hachee au moyen d'un cornet et croutonnez le tour du plat.

Pain de Volaille aux petits Pois.

Recette.—Levez les filets d'une bonne poule, les enerver et les piler dans un mortier; lorsque la chair devient maniable comme du beurre, lui ajouter le quart de son poids de beurre bien frais, et piler cette farce de nouveau jusqu'a ce que le beurre soit bien mele, ensuite lui ajouter un oeuf entier, sel, poivre et un peu de muscade; passez cette farce au tamis fin, la mettre ensuite dans une casserole ou une terrine afin de pouvoir la manipuler, pour la monter avec de la creme double fouettee; emplir vos moules et les faire pocher au bain-marie en ayant soin toutefois que l'eau ne bouille pas; les demouler sur un plat et garnir le puits avec des petits pois ou autre garniture; nappez avec une sauce votre entree et envoyez une sauciere de sauce.

Avec vos debris, carcasse, preparez un jus qui doit vous servir pour faire votre sauce que vous finissez avec un peu de creme.

Mousse de Gibier a la Piemontaise.

Les mousses se font ordinairement avec les restes, ou les chairs qui restent apres les os ou carcasse de gibier qui ont deja ete presentes sur la table le jour d'un grand diner; l'on peut donc utiliser ce gibier pour en former un charmant plat froid et qui peut remplacer soit une entree ou meme un second roti.

Prenez les viandes ou debris soit de plusieurs perdreaux, faisans, etc.; detachez les viandes des os et pilez-les. Lorsque les viandes sont bien pilees, ajouter une ou deux bonnes cuillerees de sauce reduite ou fumet de gibier et un peu d'aspic assez colle. Passez le tout au tamis fin et finissez de monter cet appareil a la creme fouettee. Chemisez a la gelee un moule conique ou a bombe; la decorer avec de belles truffes blanches du Piemont, comme le dessin le marque (ou tout autre); ensuite preparez une petite salade de truffes que vous mettez macerer dans le vin blanc, la veille, assaisonne de bon gout. Lorsque votre moule est decore et chemise, mettez-y votre appareil a mousse en laissant un puits pour y mettre votre petite salade de truffes; la recouvrir avec de l'appareil jusqu'au bord et le laisser a la glace jusque l'instant de le servir; ensuite le demouler sur un plat et l'entourer de petits croutons de gelee.

[Gravure 44.png: MOUSSE DE GIBIER A LA PIEMONTAISE]

[Gravure 45.png: TABLE DE SOUPER DE BAL *(Exposition culinaire de 1892 – Grand Prix)*]

MENU

Medaillons de Truites.
Filets de Sole a la Cendrillon.
Chaudfroid de Mauviettes a la Bohemienne.
Filets de Volaille a la Comtesse.
Salade de Crevettes.

HUITIEME PARTIE

I

POEMES ET FANTAISIES

dedies a l'auteur

PAR

Louis FAURE

II

LA CREPE

Poesie de Achille OZANNE

[Gravure 46.png]

Menu de Bapteme.

Creme de volaille
Consomme aux quenelles en surprise
Beurre Radis
Bouquet de crevettes, Caviar
Truite saumonee sauce Hollandaise et Genevoise
Bouchees aux Huitres
Salmis de Perdreaux aux Truffes
Timbale a la Milanaise
Aspic de homard Mayonnaise
Punch a la Romaine
Faisans de Boheme truffes flanques de Mauviettes
Canetons de Rouen rotis
Buisson d'ecrevisses
Fonds d'artichauts glaces au Madere
Cardons a la Moelle
Gelee de fruits au Marasquin
Baba glace au Rhum
Bombe pralinee, Vanille
Parfait au cafe. Piece montee et attributs

Vins
Macon. Chablis, Madere
Beaujolais, Saint-Julien, Corton 1866
Champagne

Quenelles en surprises.

Ayez de la farce de volaille montee a la creme, emplissez des petits moules dits oeufs de pluviers, laissant un vide interieurement pour les garnir d'une petite brunoise, les recouvrir en ayant bien soin de les souder, les faire pocher doucement et les mettre dans le consomme au dernier moment.

Les Mets simples.

PROLOGUE

Puisque la mode aujourd'hui regne
De versifier les menus;
Que de par Ozanne on enseigne
A faire un vol-au-vent au jus;

Puisque la Muse refractaire
Ne veut plus monter aux sommets
Et que, gourmande, elle prefere.
Mettre en poemes les grands mets,

Allons a l'unisson des choses:
Soleil? Printemps?… Il n'en faut plus.
Dans un salmis mettons des roses.
L'amour, et des vers par dessus!

Ce salmis, amis, je vous l'offre,
Non de fait, mais d'intentions.
C'est bien moins cher, et puis mon "coffre"
Aura moins de pulsations.

C'est un mets des dieux, je l'assure.
Dont ma prose va vous mander
La facon, le poids, la mesure,
Et les fonds pour l'accommoder,

En reclamant votre indulgence
Pour le praticien de l'Art
Qui veut affirmer sa science
Par des pommes de terre au lard.

Pommes de terre au Lard.

Une livre de lard de poitrine a demi-sel, blanchir cinq minutes, bien egoutter et essuyer. Faire prendre couleur avec cinq ou six oignons gros comme de petites noix; singer legerement et laisser cuire la farine, en remuant, quelques secondes. Mouiller a point, assez largement, avec du fonds leger ou du petit consomme; garnir d'un bouquet et d'une legere gousse d'ail, poivre frais moulu. A cote, une trentaine de pommes de terre Vitelotte ou de petites Hollande — non de celles poussees dans les gadoues des environs de Paris, qui se deforment a la cuisson, mais de celles provenant des terrains sablonneux et maigres. Cela est peut-etre plus difficile a trouver que la truffe, soi-disant du Perigord, mais enfin, cela est une question de oui ou de non pour la reussite de mon plat. Ces pommes de terre devront etre sautees au beurre puis lancees (selon l'expression de feu le baron Brice) a demi-cuites et bien colorees dans le ragout. Ajouter une bonne cuilleree de bonne tomate et laisser mijoter une demi-heure. Degraisser, dresser le lard, les pommes dessus, passer la sauce au chinois.

Une autre fois je vous raconterai ma recette des haricots rouges a l'etuvee. Tous ces mets sont bien ordinaires, mais quand ils sont bien faits, ils en valent bien d'autres plus pretentieux.

La Fricassee de Poulet.

Nous tentons de ressusciter,
En des formes elementaires,
La facon de confectionner
Nos vieux mets les plus populaires.

Pour vous, jeunes gens studieux,
Je decris ces plats debonnaires;
Ils ont enchante nos aieux:
Serez-vous plus qu'eux refractaires?

Le poulet demi-gras, tendre, vide, flambe, parer les ailerons, le cou separe de la tete, les pattes, puis le decouper; enlever les ailes, les cuisses, enlever les ailerons et les pattes a la premiere jointure;

trancher l'estomac, dans le sens de sa longueur, pour le separer du dos et des reins; parer les uns et les autres, apres avoir enleve les poumons et le sang coagule dans ces dernieres parties.

Il est presque inutile d'ajouter qu'il faut laver les membres de votre poulet et le laisser degorger une heure ou deux.

Le blanchissage des viandes blanches est essentiel, parce qu'il ne s'attaque pas a l'arome meme de la viande; il la degage surtout de certaines impuretes; il la blanchit et il permet, apres rafraichissement, de la nettoyer et d'assurer a la cuisson un fond clair et franc de gout.

Donc, apres avoir blanchi, rafraichi, essuye les membres de votre poulet, les mettre dans une casserole, couverts d'eau, sur un feu vif jusqu'a la premiere ebullition; ecumer; garnir: sel, gros poivre, bouquet, oignons et carottes tailles minces, une petite gousse d'ail et deux clous de girofle; laisser bouillir doucement sur le coin, comme une petits marmite, jusqu'a parfaite cuisson.

Sauce. — La sauce, dont je vais vous donner la formule, n'est pas une sauce savante de reduction, elle est courante, et quiconque a quelques connaissances en cuisine, peut la confectionner avec l'intelligence et le soin que demande toute preparation culinaire. D'ailleurs, j'ecris surtout ces lignes pour les commencants desireux de joindre a la qualite des produits l'economie, l'ordre, la methode, principes qui ne savent sortir que de certains details minutieusement indiques. Ceci dit, mettre dans une casserole 50 a 60 grammes de beurre fin, 45 grammes de farine; laisser blondir doucement; mouiller, petit a petit, avec une partie de votre fond de poulet; finir avec de la cuisson de champignons.

Jusqu'a consistance voulue, laisser depouiller une demi-heure sur le coin du fourneau.

Liaison. — Dans une terrine, 4 a 5 jaunes, 30 grammes de beurre fin; verser doucement la sauce sur vos jaunes, en remuant avec un fouet ou une cuiller de bois; remettre dans une casserole propre, en plein feu, et faire partir en remuant ferme; passer a l'etamine. L'operation terminee, vous n'avez plus qu'a egoutter a fond votre poulet, en ranger les membres dans un sautoir haut de bords, champignons et oignons; saucer largement; laisser mijoter quelques minutes, puis servir sur plat chaud.

Cuisson des Champignons.

Pour un kilogramme de champignons (fond blanc ou gris), en tous les cas fermes et frais, laver, couper les queues, tourner ou canneler les tetes et les mettre a mesure dans une terrine d'eau acid-ulee avec un filet de vinaigre. Mettre sur un feu tres vif une casse-role mince, 3 decilitres d'eau, 100 grammes de beurre, le jus d'un citron et demi, sel. A l'ebullition, jeter vos champignons bien egouttes dans la cuisson. Au premier grand bouillon, les verser dans une terrine et les couvrir d'un papier beurre.

Petits Oignons au blanc.

Oignons de la meme grosseur: blanchir dix minutes; les finir de cuire doucement dans un fond blanc (bouillon ou jus leger).

Le Gigot a l'Yonnaise.

A Mme L. G.

Nous t'attendions tous, aujourd'hui, le vingtieme
Du mois, et le gigot rotissait dans le four
Fortement marine, avec au moins dixieme
De son poids d'ail nouveau pique tout alentour.

Il jaunissait gaiment, sous la chaude flambee
D'un feu clair de bois sec, arrose grassement
D'huile vierge de noix, legerement ambree,
Et d'une marinade au fumet de vin blanc.

Mais tu n'es pas venue, helas! a cette fete
Que t'avait preparee une douce amitie…
Le roti fut manque! puis Mary fit "sa tete"

Et…laissa dessecher la "souris" sans pitie…

Qui t'etais destinee, o chere insouciante!
Car tu le sais, jadis, nous nous la partagions…
N'as-tu pas prefere quelque image troublante,
A ce gigot dore, pique d'illusions?…
. . . .

Coeurs honnetes, aimants, laissez, laissez encore
L'avenir vous sourire et l'amour vous charmer.
Vous etes au printemps, vous etes a l'aurore,
L'hiver est disparu, c'est la saison d'aimer.

10 fevrier 1893. L. F.

Recette.—Ce gigot, bien prepare, est exquis, nous ne parlons ici que pour les appreciateurs de mets de haut gout, et, pour sortir un peu, aussi, des potages au lait d'amandes, des farces toujours montees a la creme et d'autres mets plus debilitants les uns que les autres. Notre gigot ne doit pas etre originaire du pays que vous savez, ou le mouton sent la laine et la choucroute, ou les lievres sentent le chien de siege. Vous avez le choix dans notre cher pays de France, entre le pre-sale de la Manche et les gigots de la Picardie ou de la Champagne.

Donc, votre gigot raccourci et pare, piquez-le, ail perdu, de fines gousses effilees comme des amandes a nougat, dessus, dessous, partout ou votre couteau d'office trouvera a mordre. Cette operation terminee, couchez-le dans un plat creux et arrosez-le de la marinade suivante: oignons et carottes eminces, thym, laurier, persil, basilic(1), poivre en grain, sel, un verre de vin blanc de Chablis et un demi-decilitre d'huile vierge de noix.

Cette huile est celle qui a ete obtenue a froid sans que les noix soient grillees au prealable. Laissez mariner une nuit, pendant laquelle le travail mysterieux se fera.

En effet, le matin, quand debarrasse de ses aromates vous le mettrez au four, vous lui trouverez un petit air guilleret et satisfait, ce qui vous expliquera que ce brave gigot n'a pas perdu son temps, en compagnie de tous ces condiments, dont on lui avait impose la promiscuite. Une heure de cuisson. Servez chaud, accompagne de son fond, passe et degraisse attentivement.

Louis FAURE.

(1) O Basilic!…parfum culinaire si apprecie de nos peres, si delaisse aujourd'hui, je te salue! Je salue en toi l'essence que tu degages et que tu communiques aux mets. Tu n'as pas l'ardeur de l'estragon, l'odeur vireuse de la ciboule, le gout d'insecte de la pimprenelle, ton odeur est douce et pure et fait rever a ces jeunes filles qui te cultivaient sur leur humble fenetre. Jennys ouvrieres du passe, qu'etes-vous devenues? Ou sont les neiges d'antan?

La Crepe.

Le beurre en la poele petille.
La crepe s'etale aisement,
Ronde comme l'astre qui brille,
Le soir, au fond du firmament…

Lorsque dans sa paleur d'aurore,
Devant l'atre au reflet vermeil,
Des deux cotes on la colore,
Elle prend les tons du soleil!

Je vais ecrire la recette
De ce joyeux mets de saison,
Tachant, pour la rendre complete,
D'unir la rime a la raison.

RECETTE

D'un bon demi-kilo d'excellente farine
Vous formez un bassin au fond d'une terrine,
Au milieu vous mettez un peu de sel, quatre oeufs.

Du beurre un peu fondu pour donner le moelleux,
Un peu de lait encor. Et puis, en toute hate,
La spatule a la main, vous travaillez la pate
Jusqu'au moment ou lisse, avec soin l'on y joint
Du lait tout doucement pour la finir a point.
Alors, pour que la crepe aisement se digere,
La cuisson la rendra croustillante et legere.

Vivement il faut proceder,
Aussitot a la crepe cuite,
Une autre, puis d'autres ensuite
Sans cesse doivent succeder.

Chaque invite "saute" la sienne,
C'est la gaite jointe au regal.
On fete la coutume ancienne
Que ramene le carnaval!

Fetons-la donc comme nos peres,
Aux rires melons nos chansons,
Et que de joyeux echansons
De bons vins remplissent nos verres!
. . . .

Le beurre en la poele petille,
La crepe s'etale aisement.
Ronde comme l'astre qui brille,
Le soir, au fond du firmament…

Paris, fevrier 1890. Achille OZANNE

[Gravure 47.png]

[Gravure 48.png]

SUPPLEMENT

Traite

Des

Hors-D'Oeuvre

et

Savoureux

Petits Savory (Savoureux).

Il y a plusieurs sortes de hors-d'oeuvre, ceux que l'on sert avant le repas et ceux qui se servent apres les entremets sucres.

Ceux-ci se nomment, en Angleterre, des *savory*. Ils sont representes comme releve des plats de douceur. Ces savory sont de petites bouchees friandes, mais tres relevees et epicees, qui facilitent la digestion et, en meme temps, excitent a boire le Champagne ou autres vins fins de table que l'on sert a la fin d'un repas.

Afin de rendre ce nom plus familier aux oreilles francaises, je le traduirai par le mot *Savoureux*. Il faut pas croire que les recettes en sont des plus aisees le plus souvent.

On ne saurait croire, en effet, que c'est peut-etre ce mets qui represente le plus de tracas dans l'organisation d'un grand diner. On a servi tel ou tel, bon nombre de fois et souvent, on oublie les plus jolis et ceux qui font le meilleur effet, parce que l'on a la tete preoccupee du diner seulement.

Comme ces petits savory ne passent qu'a la fin, ou se dit: nous avons du temps. Mais le temps se passe, puis l'on est bientot a chercher ce qu'il faut presenter. Alors on se precipite et l'on sert quelque chose de vite expedie et que l'on a donne cent fois.

Qu'on en mange ou que l'on n'en mange pas, cela est egal. Si c'est quelque chose de nouveau, presque tous les convives y gouteront, ne serait-ce que par curiosite. Voila donc la curiosite qui s'en mele.

Un jour, j'etais alle voir un de mes amis qui avait un grand diner. J'arrivai presque a la fin. Il y avait la deux autres amis, comme moi, qui regardaient servir. C'etait le tour des *savory*.

L'un de nous dit, en les voyant partir:

—Quel joli savory vous envoyez la! Comment le nommez-vous?

Le chef lui repondit:

—Demandez a notre ami, en me designant, c'est lui qui me les fit le premier.

C'etait la recette d'un chef indou, auquel je la devais.

—Goutez, c'est excellent, dis-je, seulement tout le monde n'aimerait pas cela.

C'est un melange de *Curry* et de *Mangoe* au *Coco* adapte a une farce, soit de poisson ou de viande.

Un des assistants me confia que sa maitresse de maison etait tres friande de ces petits mets releves, mais alors varies.

Lorsque vous avez un grand diner, vous servez ces petits savory sur de petites corbeilles ou petits paniers, que vous faites en pate d'office et que vous decorez, soit avec de la pate a nouille ou une pate anglaise. Vous preparez ces petits tambours a temps perdu. Vous les serrez dans un endroit sec, et enveloppez lorsque vous en avez besoin pour les trouver tout prets.

Les Savoureux et leur recette.

Comme je l'ai dit, ces mets minuscules sont plutot pour terminer un bon repas et en accelerer la digestion, comme par exemple les fromages.

Du reste, parmi ces *savoureux*, beaucoup sont confectionnes avec une partie de fromages de plusieurs sortes.

Nous commencerons donc par la categorie des fromages, tout en alternant avec d'autres especes en meme temps pour ne pas rester sur le meme gout.

Nous en dresserons une liste afin que l'on puisse choisir, a tout evenement possible, de toutes les sortes et de tous les gouts….

Attereaux a la Royale.

Faites cuire de la semoule au lait pas trop serree, comme de la frangipane, assaisonnez, sel, poivre et un morceau de beurre; lorsque votre semoule est cuite, melez-y un quart de parmesan rape et un peu de cayenne, etalez cette bouillie sur un plafond d'office ou sur un marbre de maniere a la laisser refroidir le plus vite possible et qu'elle n'ait pas plus d'un demi centimetre d'epaisseur; coupez avec un coupe-pate des petits ronds de la grandeur d'une piece de cinquante centimes, et coupez aussi sur des tranches de fromage de gruyere de pareils petits ronds; lorsque vous en avez en assez grande quantite des deux sortes, prenez des petits attelets en fer ou en metal et meme en argent, si vous pouvez en avoir, piquez votre petit attelet au milieu d'un rond de semoule, poussez-le jusqu'a la tete de votre attelet, prenez et piquez un rond de fromage en faisant bien attention de ne pas le fendre, poussez egalement pres d'un rond de semoule, continuez ainsi en alternant un rond de semoule, un rond de fromage, excepte que le dernier, aussi bien que le premier, doit etre un rond de semoule pour soutenir le fromage; passez ces petits attereaux a l'oeuf battu et ensuite a la mie de pain fraiche deux fois de suite, faites-les frire a bonne friture, les egoutter ensuite et piquer vos attereaux sur une croustade de pain frit formant coupe, garnissez de persil frit et servez aussitot; semez par-dessus un peu de sel mele a un peu de cayenne au moment de partir.

[Gravure 49.png: LEGENDE: 1. Attereaux avant d'avoir ete pannes.—2.
Attereaux apres avoir ete frits. Attereaux a la Royale, dresses]

Petites Marquises au Parmesan.

Foncez des petites tartelettes de pate tres fine, emplissez-les a moitie de leur hauteur d'une bechamel bien cremeuse dans laquelle vous y aurez ajoute une bonne poignee de parmesan rape et une pincee de cayenne; couvrez legerement ces petites tartelettes avec de la pate a choux tres fine, mais juste au bas, semez egalement pardessus du fromage rape.

Poussez-les au four assez chaud de maniere que vos tartelettes ne souffrent pas; apres la cuisson, demoulez-les et servez sur un petit panier que vous aurez prepare a l'avance.

Ces sortes de petits paniers sont tres faciles d'execution: avec de la pate d'office, l'on peut faire toutes especes de choses. Ces paniers doivent etre habilles et decores, soit avec de la pate a nouille ou avec de la pate anglaise; surtout avec un peu de gout et a temps perdu, l'on peut arriver a faire quelque chose de tres bien. Vous decorez donc ces paniers ou ces vases avec des feuillages, fleurs, guirlandes, etc., tres legeres, de maniere que votre decor ne soit pas trop lourd et ne cache pas les petits savoury que vous voulez dresser dessus.

Pailles au Parmesan.

Prenez le quart d'un paton de feuilletage a 4 tours ou, si vous voulez mieux, detrempez un quart de farine pour feuilletage, un quart de beurre, conduisez-le a 4 tours, ce qui revient au meme; ayez du fromage de parmesan rape: semez sur le marbre du parmesan en lieu et place de farine pour tourner votre feuilletage, de maniere a en faire entrer pas mal dedans le feuilletage, ainsi qu'une pincee de cayenne que vous additionnez au fromage. Lorsque vous avez donne 6 tours en plus des 4 tours precedents, laissez-le reposer quelques minutes, ensuite abaissez votre pate tres mince, de maniere a en faire des bandes de 10 a 12 centimetres de largeur. Coupez vos petites pailles sur la largeur de la grosseur d'un petit macaroni, placez-les sur une plaque legerement beurree comme pour les allumettes, poussez-les au four apres les avoir fait reposer quelque temps, de maniere que les pailles ne se retirent pas par la cuisson. Ensuite dressez-les sur serviette ou sur un petit tambour decore en pate a nouille du meme genre que les paniers ou coupes comme modeles: il peut y en avoir a l'infini selon le gout artistique de celui qui doit le faire, je vous donne un petit modele, pour n'embarrasser personne, tres simple et charmant a presenter aux convives et, comme les autres, ils peuvent aussi se conserver a l'infini.

[Gravure 50.png]

Confectionnez un petit tambour sur un moule (croute de pate chaud) ou si vous aimez mieux faites faire des mandrins en bois en forme de poulie, ce qui est tres facile a habiller et decorer, et cela vous en avez pour longtemps. Lorsque votre tambour est pret, faites avec deux bandes de pate seche ou meme en carton que vous habillez egalement, le dessus avec quelques fleurs et feuillages ainsi que les bords de cote, cela represente deux petits crochets de commissionnaire a cote l'un de l'autre; lorsqu'il est termine, vous le collez au repair sur votre tambour et dressez vos petites pailles de chaque cote autant que possible.

Creme frite au Gruyere.

Faites une bonne bechamel cremeuse et assez serree. Ajoutez-y, lorsqu'elle est cuite, le tiers de son volume de fromage de gruyere rape et une pincee de cayenne, renversez votre creme sur un plafond d'office dans lequel vous aurez mis un papier legerement huile et que la creme se trouve egalisee de la meme epaisseur alors qu'elle est froide, saupoudrez de mie de pain melee d'un peu de farine le tour ou un marbre, renversez votre creme, enlevez-en le fond de papier, coupez des ronds avec un coupe-pate de 2 centimetres 1/2 de diametre, panez ces ronds a l'oeuf battu; essayez-en un dans la friture chaude; s'il etait par trop delicat, vous le paneriez deux fois, ce qui est le plus sur.

Quelques minutes avant de servir, faites frire a grande friture et qu'elles soient de belle couleur. Servez sur serviette ou sur petit tambour entoure de persil frit.

Petits Cocons Printaniers.

Prenez un bon Camembert bien fait, nettoyez-le bien, de maniere qu'il ne reste que l'interieur, passez-le au tamis ensuite, mettez le tiers de son volume de beurre fin, deux cuillerees de farine et une cuilleree de creme de riz, melez le tout ensemble et mouillez avec un peu de lait et de la creme; salez, poivrez, ajoutez-y une pincee de cayenne, tournez cet appareil sur le feu jusqu'a ce qu'il ait la consistance d'une frangipane, faites refroidir cet appareil soit sur un marbre ou sur une plaque d'office.

Lorsqu'il est completement refroidi et maniable a la main, formez-en des petites boulettes egales a des cocons de soie. Panez-les deux fois de suite a l'oeuf battu et faites frire a friture chaude, dressez-les ensuite sur un petit panier que vous aurez prepare a l'avance. Ces petits paniers sont d'une grande utilite lorsque vous avez un diner tant soit peu complique, vous les faites en pate d'office et les decorez soit avec de la pate a nouille ou de la pate anglaise, soit avec du feuillage ou des petites fleurs, guirlandes, etc., selon le gout de la personne qui habille le panier. Comme ces paniers peuvent servir plusieurs fois, ce n'est pas difficile de les faire d'avance et a temps perdu; lorsqu'ils sont termines, vous pouvez les mettre dans un endroit sec et recouvert, ou bien dans une boite en carton pour empecher la poussiere de les deteriorer.

[Gravure 51.png]

Allumettes au Parmesan.

Prenez 125 gr. de farine que vous mettez sur le tour avec 125 gr. de beurre et 125 gr. de parmesan rape, sel, poivre et une pincee de cayenne, une cuilleree de creme double. Melez le tout ensemble sans trop travailler cette pate, la laisser reposer quelques minutes, etalez-la ensuite avec le rouleau en bandes tres minces de 7 a 8 centimetres de largeur; ayez soin aussi que la bande soit uniformement de la meme epaisseur. Coupez vos allumettes de la meme grosseur et placez-les sur une plaque legerement beurree. Poussez votre plaque au four assez chaud quelques minutes seulement, car c'est si petit que la cuisson se trouve vite finie. Ayez soin aussi que les allumettes soient plutot d'un blond pale que colorees, car lorsque la couleur domine, l'allumette est amere et n'est pas mangeable. Aussitot sorties du four, les detacher et les enlever aussitot de la plaque et les dresser soit sur serviette ou sur un panier ou une coupe, selon ce que vous aurez sous votre main.

Lorsque vous etes pour vous en servir, de nouveau rafraichissez-les, s'ils en ont besoin, avec un pinceau trempe dans un jaune d'oeuf battu, mele a un peu de glace de viande fondue.

Petits Eclairs au Fromage.

Couchez de petits eclairs au fromage sur une plaque beurree legerement, les dorer et les pousser au four. Lorsqu'ils sont cuits, faites une creme-patissiere dans laquelle vous ajoutez du fromage de parmesan rape et un peu de cayenne; lorsque vos eclairs sont cuits et froids, emplissez-les de cette creme et les replacer sur la plaque quelques minutes; avant de servir, poussez-les au four et dressez-les ensuite sur un petit tambour apprete d'avance.

Choux a la Creme au Fromage.

Couchez sur une plaque des choux de moyenne grandeur et les cuire comme il est indique, les laisser refroidir apres cuisson. Avec un petit couteau d'office, faire a chaque choux une ouverture circulaire d'un tiers de sa hauteur, retournez le morceau enleve, de maniere que le chou presente une cavite; ayez de la creme fouettee bien ferme, melez-y du parmesan rape et un peu de cayenne, emplissez vos choux et servez sur serviette ou sur tambour.

Briquette glacee au Fromage.

Il faut prendre bien des precautions en faisant ces sortes de glace; comme il y a absence de sucre et de liqueur, il faut compter tres peu de temps pour que l'appareil se congele.

Prenez 6 jaunes d'oeufs on plus, si vous avez plus de monde a table: battez vos jaunes avec une cuiller de bois ou un fouet. Mouillez ces jaunes avec un demi-litre de lait, prenez cet appareil sur le feu comme une anglaise a bavaroise. Melangez ensuite a cet appareil une bonne poignee de parmesan rape et autant de gruyere, l'assaisonner de bon gout sans en oublier le cayenne; lorsqu'il est froid, passez au tamis fin ou a l'etamine, mettre l'appareil dans une sorbetiere sanglee d'avance, remuer la creme au moyen d'une spatule jusqu'a ce que l'appareil devienne assez solide pour lui incorporer de la creme fouettee que vous mettez par petite quantite a la fois en travaillant la glace, sans quoi la creme se grenerait en tombant. Ayez des moules a brique que vous emplissez, les mettre a la glace sanglee legerement, une bonne demi heure, c'est assez, sans quoi cela deviendrait trop ferme; ensuite demoulez vos briques en les separant sur toute la longueur, de maniere a avoir un petit carre pour chaque personne, les dresser sur un plat froid garni d'une serviette ou sur un petit tambour de glace d'eau, comme il plaira.

L'on obtient ces sortes de tambour en emplissant de glace pilee tres fine et lavee, soit un moule uni plat a biscuit dit a manque, ou un moule en bordure; lorsque votre moule est plein de glace pilee, finissez d'emplir le vide avec de l'eau et un peu de lait, fermez hermetiquement votre moule avec un couvercle de casserole en le luttant avec du beurre ou de la graisse pour ne pas que l'eau de sel entre dans votre moule; sanglez votre moule pendant au moins une heure et demie; lorsque vous serez pour servir, enlevez votre moule, passez-le a l'eau froide et demoulez-le sur serviette.

Dressez ensuite vos petites briquettes dessus.

Petits Souffles d'Egrefin fumes.

Foncez de petits moules a tartelette avec une pate tres fine (pate brisee), remplir vos petites tartelettes de riz et les cuire au four pas par trop chaud. Lorsqu'elles sont cuites, les nettoyer en otant le riz. D'une autre part, faites une petite farce de merlans et moitie egrefin fume, salez, poivrez, ajoutez-y un petit morceau de beurre lorsque votre farce est bien pilee, passez-la au tamis fin et montez-la a la creme fouettee, de maniere qu'elle soit bien legere. Melez-y une bonne pincee de cayenne: par le moyen d'une poche ou d'un cornet de papier, couchez votre farce dans vos petites tartelettes, de maniere a en former une petite fanchonnette, c'est-a-dire en forme conique gradine, les pousser au four un moment avant de servir, juste le moment de les pocher, les servir ensuite sur croustade ou panier et meme sur serviette, selon l'urgence du diner.

Condes au Fromage.

Faites un appareil dans une terrine compose de 3 ou 4 jaunes d'oeufs meles a un peu de creme; ajoutez-y un petit morceau de beurre, du fromage de Parmesan et du Gruyere rape de maniere a en faire un appareil assez consistant; d'un autre cote, prenez des rognures de feuilletage, faites-en une abaisse carree, tres mince, etendez dessus votre appareil de fromage d'une couche egale, semez-y encore par-dessus un peu de Parmesan rape et coupez-les en petits carres longs que vous placez sur une plaque, poussez a four chaud et dressez apres leur cuisson sur serviette ou sur tambour.

Canapes d'Anchois aux Crevettes.

Coupez dans un pain de mie de petits ronds de 4 centimetres de diametre, les faire frire au beurre, les garnir par-dessus d'une puree de beurre d'anchois; semez dessus mi-partie de blancs d'oeufs cuits durs, haches, et l'autre de jaunes, en separer la couleur par un petit rang de crevettes epluchees et superposees a cheval les unes sur les autres. Dressez sur serviette et entourez de persil frais.

Diablotins au Fromage.

Puisque nous sommes sur la pate a choux au fromage, nous finirons la serie variee de cette pate comme ci-dessus, preparez une pate a choux, un peu moins de cayenne dans celle-ci. Mettre votre pate dans une poche a patisserie munie d'une douille cannelee. Ayez une poele de saindoux prete a frire. Pressez votre poche d'une main pour en faire sortir la pate; avec l'autre main, coupez avec un petit couteau a mesure que la pate passe, de sorte que vos coupures tombent dans la friture, remuez-les avec un attelet ou l'ecumoir: lorsqu'ils sont cuits et d'une belle couleur, servez sur serviette en saupoudrant de parmesan rape; cela doit se servir tres chaud.

Petites Bouchees de Laitances a la Diable.

Faites de petites bouchees dans un morceau de feuilletage a 6 tours; detaillez-les le plus petit possible et tenez-les au chaud apres cuisson; d'une autre part, prenez quelques laitances de maquereaux, les mettre a l'eau fraiche pour les degorger un peu, ensuite les pocher a l'eau de sel, les egoutter sur un linge, les separer en plusieurs parties. Ayez une bonne sauce de poisson reduite dans laquelle vous aurez ajoute un morceau de beurre, une petite pincee de cayenne et une cuilleree de Worcester (sauce anglaise), melez-y vos laitances et garnissez vos petites bouchees que vous dressez sur tambour ou sur serviette.

Petites Pignattes a la Nicoise.

Prenez 6 oeufs bien frais, cassez-les dans une terrine, assaisonnez de bon gout, sel, poivre, muscade et une pincee de cayenne. Ajoutez-y 3 verres de creme, une bonne poignee de parmesan rape et un peu de gruyere qui ne peut lui faire du mal.

D'une autre part, ayez des petites pignattes valoris de Nice de la grandeur d'un petit pot a creme. Emplissez-les de cet appareil et faites-les pocher au bain-marie sans les laisser bouillir a four modere, comme pour des petits pots de creme. Parsemez dessus un peu de parmesan rape et servez sur serviette.

Petites Tartines Laponiennes.

En Laponie, les Habitants sont tres friands de ces petits hors-d'oeuvre. Ils mangent cela au bord de la mer avant de partir pour la peche.

Voici la recette que je leur ai demandee et comment ils procedent:

Ayez une merluche fumee ou haddock, depouillez-la et coupez les chairs en petits des, que vous melez a une bonne sauce relevee au carry faite d'avance; d'une autre part, coupez de belles tranches dans un pain de mie que vous faites griller, etendez dessus un peu de beurre ainsi qu'un peu de parmesan rape; etendez ensuite votre appareil bien uniformement, saupoudrez-le de parmesan et coupez vos tranches en parties egales. Servez sur serviette bien chaud.

Anchois en Papillotte.

Faites une abaisse tres mince de pate a brioche, decoupez de petits carres longs de quoi envelopper un filet d'anchois. Mouillez vos petites abaisses et enveloppez vos filets que vous faites frire. Bonne friture chaude et servez en buisson entoure de persil frit.

Petits Pois en Surprise.

Faites une pate a choux sans sucre, ajoutez-y une bonne poignee de parmesan rape et une pincee de poivre-cayenne. Couchez sur une plaque d'office beurree legerement avec un cornet de petits choux de la grosseur d'un petit pois. Poussez-les au four aussitot; apres cuisson, passez par dessus avec un pinceau (blaireau) un peu de blanc d'oeuf moitie fouette et roulez-les dans du parmesan rape. Servez-les ensuite dans une coupe en cristal et servis a la cuiller.

Beignets a la Riviera.

Faites un appareil comme il est indique ci-dessous, deux cuillerees de farine, trois oeufs entiers battus ensemble et mouilles avec un demi-verre de creme, sel, poivre et une pincee de cayenne. Lorsque l'appareil est assez battu, melez-y une livre et demie de frai de petits poissons (connu sous le nom de poutina), ayez une poele de friture bien chaude et faites de petites cuillerees de ce melange que vous faites frire; lorsqu'ils sont de belle couleur, dressez sur serviette entouree de persil frit.

Tartelettes a la Pisanne.

Prenez du gros vermicelle que vous faites pocher legerement a l'eau, l'egoutter et le mettre dans une casserole avec un bon morceau de beurre bien frais, deux cuillerees de creme et une poignee de parmesan rape assaisonne de haut gout, sans oublier un peu du cayenne et une cuilleree de puree de tomate reduite. Mettez cet appareil dans des petites tartelettes foncees d'avance et poussez-les au four vif, en le saupoudrant d'un peu de parmesan rape apres cuisson; dressez bien chaud sur serviette.

Petites caisses d'oeufs souffles au Parmesan.

Separez les jaunes de 4 ou 5 oeufs, travaillez les jaunes dans une terrine avec une bonne cuilleree de creme double, un quart de beurre frais, une poignee de parmesan et gruyere rapes, un peu de muscade, sel, poivre et une pointe de cayenne. Lorsque votre appareil est assez travaille, ajoutez-y les blancs fouettes, emplissez des petites caisses a souffles que vous aurez beurre d'avance soit en porcelaine ou en papier, et entourees d'une petite bande de papier beurre, dans un tiers plus eleve que vos caisses. Semez par dessus un peu de parmesan rape et poussez-les a four doux. Apres cuisson, enlever les bandes de papier, les colorer avec la pelle rouge, si toutefois ils manquaient de couleur, et servez sur serviette chaude.

Jaunes d'oeufs poches au Parmesan.

Foncez une douzaine de moules a tartelettes creuses, avec de la pate tres fine et tres mince. Cuisez vos tartelettes comme pour croutes et gardez-les au sec. Ayez aussi un peu d'appareil a souffle dans lequel vous y aurez ajoute un peu de parmesan, emplissez a moitie vos tartelettes; d'un autre cote, pochez une douzaine de jaunes d'oeufs a l'eau salee, en ayant soin de ne pas les laisser trop pocher.

Les retirer a mesure avec une petite ecumoire plate a oeufs poches. — En sortant de l'eau, appuyer le dessous de votre ecumoire sur une serviette et faire glisser chaque jaune sur vos tartelettes.

Parsemez par dessus un peu de parmesan rape fin, poussez une minute au four et envoyez sur serviette.

Jaunes d'oeufs poches a l'Indienne.

Coupez dans un pain de mie des petites croustades de pain de la grandeur d'une piece de cinq francs, passez ces rondelles au beurre clarifie, faites reduire une bonne sauce au cury, ajoutez-y deux jaunes et laissez refroidir apres liaison avec un cornet de papier, faites une petite bordure a vos croutons avec cette sauce refroidie.

Parsemez par dessus un peu de parmesan rape, ensuite, pochez vos jaunes d'oeufs et dressez-en un sur chaque croustade et servez.

Jaunes d'oeufs poches aux Tomates.

Choisissez de tres petites tomates de meme grosseur, de maniere que, lorsqu'elles sont parees, elles puissent tenir un jaune d'oeuf poche. Enlevez la peau de plusieurs tomates en les trempant a l'eau bouillante, coupez-en une petite rondelle du cote de la queue, de maniere a en former une ouverture, les epepiner avec une cuiller a legume, les saler, poivrer, les retourner sur un linge, afin de les bien egoutter, les placer ensuite les unes a cote des autres dans un plat a sauter beurre, en ayant soin de les entourer chacune d'une petite bande de papier beurre, de maniere qu'en les cuisant elles ne se deforment le moins possible. Poussez-les a four chaud quelques minutes. Lorsqu'elles sont cuites, dressez dans chacune un jaune d'oeuf poche.

Petites Crepes au Caviar.

Faites cuire 2 ou 4 belles crepes legeres et tres minces, laissez les refroidir, ecartez sur l'une d'elles une couche de caviar, recouvrez-la ensuite avec une autre crepe, decoupez des ronds de la grandeur d'une piece de 5 francs que vous rangez aussitot sur un plafond d'office, legerement beurre; deux minutes avant le service, poussez-les au four le temps de chauffer la crepe seulement et servez sur serviette.

Croquettes de Riz au Parmesan.

Mettez un morceau de beurre dans une casserole plate a legumes; lorsqu'il est fondu, versez dedans 125 grammes de riz Caroline, faites-le revenir quelque temps et mouillez-le avec du lait bouillant et couvrez un tiers au-dessus du riz; faites-le partir et finir a couvert a four doux; lorsqu'il est parfaitement cuit et assaisonne, melez-lui du parmesan rape et trois jaunes d'oeufs; laissez-le refroidir pour en faire des croquettes, que vous panez a l'oeuf, et faites frire de belle couleur; servez en buisson entoure de persil frit egalement.

Filets de Maquereaux a la Suedoise.

Faites cuire a l'eau de sel plusieurs maquereaux. Lorsqu'ils sont cuits, les retirer de leur cuisson et les laisser refroidir, enlever les filets en les divisant en plusieurs parties, les mettre dans une petite marinade ainsi composee: d'huile, de vinaigre, sel, poivre, capres; en couvrir les filets en y ajoutant quelques rouelles d'oignon, d'un peu de persil en branches, ainsi qu'un peu de fenouil. Laissez mariner vos filets quelque temps, puis servez-les sur un hors-d'oeuvrier entoure de persil frais.

Anchois de Norvege aux oeufs.

Retirez du sel des anchois que vous laissez tremper quelque temps dans l'eau fraiche; les retirer ensuite, les bien essuyer, les diviser en deux par la longueur en coupant encore chaque filet en deux. Placez-les symetriquement dans un hors-d'oeuvrier en les entrecroisant, de maniere a en former un fond de panier. Garnissez le tout avec du blanc d'oeuf hache et du jaune d'oeuf passe au tamis, ainsi qu'une petite bordure de persil hache. Ces sortes de hors-d'oeuvre font tres bien sur table pour dejeuner.

Souffles a la Varsovienne.

Faites un appareil a blini transparent, en separer l'appareil en deux, c'est-a-dire en mettre la moitie dans deux terrines differentes. Prenez la premiere pour faire des blinis dans de petites poeles plates dites a blini. Lorsqu'ils sont cuits et refroidis, servez-vous-en pour foncer des moules a tartelettes beurres. Ajoutez, dans l'autre moitie qui vous reste de l'appareil, un peu de creme fouettee. Garnissez-en vos tartelettes. Mettez-les au four. Servez apres cuisson avec une sauciere de creme aigre.

Oursins au Petit Pain beurre.

Il faut choisir le moment ou les oursins sont tout a fait pleins, car sans cela vous n'auriez rien a recueillir dans leur coquille. C'est pendant la pleine lune qu'ils sont le meilleur. Choisissez de beaux oursins fraichement peches, faites une entaille circulaire par le moyen de ciseaux. Egouttez l'eau qu'ils contiennent, placez-les en buisson sur un plat les uns sur les autres. Coupez dans un petit pain frais que vous aurez beurre, des mouillettes comme pour des oeufs a la coque et que vous mangez de meme. C'est un vrai regal avant le dejeuner, surtout arrose d'un bon petit vin blanc des environs de Marseille.

Petits Foies de Volaille au Lard fume.

Choisissez des foies de volaille bien frais, faites-les degorger pendant quelque temps a l'eau fraiche, les egoutter sur un linge, ensuite, pour enlever l'humidite, coupez vos foies en deux ou trois, de maniere qu'ils soient le plus mince possible; d'un autre cote, coupez dans un morceau de lard de poitrine fume de petites bandes tres minces de la grandeur de vos escalopes de foie, aplatissez vos petites bandes de lard tres minces. Couchez sur chacune une lame de foie et roulez le tout. Ajoutez-y un peu de cayenne, cuisez-les a la brochette sur un gril et servez sur croute de pain grillee.

Petites Bombes au Vesiga a la Russe.

Faites tremper du vesiga quelques heures dans de l'eau tiede, ou froide si vous avez du temps a vous, cela se fait tremper la veille que l'on doit s'en servir. Lorsqu'il est assez trempe, que le vesiga s'est developpe comme un large ruban, vous le coupez en morceaux carres et vous le faites cuire dans un bon fond de poisson avec des aromates tels que: persil, thym, laurier, fenouil, etc., et un peu de vin blanc; d'un autre cote, foncez des petits moules a tartelette a dome avec de la pate a brioche commune, laissez-les revenir dans un endroit tiede comme pour des petits savarins, lorsqu'ils sont bien revenus, poussez-les au four. Apres cuisson, videz-en l'interieur en conservant la partie superieure qui doit vous en servir de couvercle, ajoutez votre Vesiga et le lier avec quelques cuillerees de bonne sauce a poisson, y joindre quelques truffes hachees, emplir vos petites bombes et servir sur serviette.

Petits Canapes de langue au Foie gras.

Coupez dans le milieu d'une langue cuite de petits canapes de la grandeur d'une piece de 5 francs, coupez aussi des ronds de foie gras un peu moins grands que ceux de langue avec les rognures, vous en faites une puree qui vous servira pour mettre dessus en forme de petit dome; l'on peut egalement y ajouter un petit rond de truffe pour terminer, sans oublier une legere pointe de cayenne.

Servez sur serviette entouree de persil frais.

Croquettes de Riz a la Piemontaise.

Faites blanchir un quart de riz, l'egoutter et le finir de cuire dans du lait, assaisonnez. Ce riz doit, lorsqu'il est cuit, etre assez ferme.

Laissez-le refroidir, travaillez-le legerement avec une cuiller de bois en lui incorporant deux bonnes poignees de parmesan et de gruyere rape, formez-en de petites boules que vous passerez et faites frire a friture chaude. Servez sur serviette entouree de persil frit.

Canapes de Boeuf de Hambourg boucane.

Ce boeuf, qui est boucane et fume, est tres apprecie en Angleterre. Prenez un morceau de boeuf de deux ou trois livres, faites bouillir a l'eau de sel, une heure environ. Sortez-le de l'eau et laissez-le refroidir. Ce boeuf est dur comme du bois sec. Rapez-le comme du parmesan et tenez-le au frais. Faites, dans un pain de mie, de belles tranches de pain que vous faites griller. Coupez des canapes avec un coupe-pate uni de la grosseur d'une piece de 5 francs, etendez un peu de beurre frais sur vos canapes.

Garnissez-les ensuite avec votre boeuf rape, saupoudrez d'une legere pointe de cayenne. Servez sur serviette entouree de persil frais.

Canape de Volaille et Langue.

Preparez des petits canapes comme pour les canapes de boeuf de Hambourg et vous les garnissez avec du blanc de volaille cuit et hache tres fin ainsi que la langue. Garnissez d'abord le tour de vos canapes de langue et ensuite vous mettez vos blancs de volaille au milieu. Servez sur serviette ou sur tambour entoure de persil.

Bol de cristal ou d'argent garni de blancs de Volaille haches.

Ce hors-d'oeuvre se sert dans les bonnes maisons, et surtout si vous avez, beaucoup de blancs de volaille de reste soit d'un diner ou autre.

Hachez des blancs de volaille tres fins comme si c'etait rape, lorsque vous en avez assez pour garnir un bol ou une petite coupe en argent faite expres. Servez en hauteur dans le bol sur serviette entouree de persil frais. Chacun se sert soi-meme. L'on sert habituellement ce hors-d'oeuvre pour le dejeuner.

Petits bateaux d'Huitres souffles.

Foncez des petits moules a bateaux en pate fine tres mince, que vous cuirez de belle couleur; les conserver bien sec; ayez un peu de farce et souffle de poisson; assaisonnez: sel et un peu de cayenne. Garnissez vos petits bateaux avec un peu de farce; placez deux huitres (epluchees) au milieu; recouvrir les huitres avec un peu de farce: la bien lisser, de maniere que ce soit bien uni; avec un cornet, faites de petits points autour; y semer un peu de chapelure, legerement; un peu avant de partir, poussez-les au four et servez ensuite sur serviette ou sur de petits tambours que vous aurez prepares a l'avance.

Sardines a la Diable.

Coupez dans un pain de mie de petits croutons, pas aussi grands que la sardine, les passer au beurre, qu'ils soient d'une belle couleur blonde, les laisser refroidir, les beurrer et y mettre une sardine dont la queue, la tete et l'arete sont enlevees, une petite pincee de kaprika, les chauffer au moment et servir sur serviette.

Petits Souffles d'Eglefin.

Faites une farce avec un ou deux petits merlans et un ou deux eglefins fumes; les monter a la creme et emplir des moules en tartelettes avec une poche a patisserie de la forme d'une tanchonnette, poussez-les au four et servez sur serviette apres cuisson terminee.

Rissoles a la Polonaise.

Preparez, soit la veille au soir ou au matin, une pate a levure a un quart de beurre par livre et oeufs entiers, veillez que la pate soit ni trop ferme ni trop molle, entre la brioche et le savarin. Pendant qu'elle leve, vous hachez un oignon moyen, du filet de boeuf, quelques champignons, trois oeufs durs et du persil; le tout pret, faites revenir l'oignon avec assez de beurre, ajoutez le filet, assaisonnez bien, puis les champignons, oeufs et persil. Reservez. Avec la pate, vous la divisez en petites parties, placez de l'appareil au milieu et repliez en deux, roulez-les un peu et rangez-les sur feuilles de papier blanc beurrees, laissez lever et faites frire dans une friture neuve, doucement, comme les beignets souffles. — Dressez sur serviette.

On peut envoyer une sauciere de creme aigre-douce; toutefois, ce n'est pas indispensable.

Mortadelle de Milan.

Coupez des tranches de mortadelle tres minces sur toute son epaisseur que vous divisez ensuite en six ou huit morceaux afin de pouvoir les dresser sur un hors-d'oeuvrier entoure de persil frais.

Saucisson d'Arles.

Coupez sur un saucisson d'Arles, apres l'avoir bien essuye, des tranches tres minces que vous dressez a cheval sur un hors-d'oeuvrier entoure de persil frais.

Saucisson de Lyon.

Servez de la meme maniere que ci-dessus. Tous les saucissons de toutes provenances sont servis de la meme maniere.

Rillettes de Tours et du Mans.

Les rillettes sont toujours servies dans des petits pots soit de faience ou de gres, il y en a de toutes les dimensions; mais comme hors-d'oeuvre, ce serait mieux de les servir dans de tres petits pots dresses sur serviette.

Sardines a l'huile.

Egouttez des sardines que vous essuyez ensuite et que vous placez dans un hors-d'oeuvrier en les placant l'une a droite, l'autre a gauche, de maniere qu'etant dressees elles se trouvent entrecroisees; versez dessus de la bonne huile d'olive et entourez-les d'un petit cordon de persil hache.

Thon marine.

Servez des petites tranches de thon dans des hors-d'oeuvriers; arrosez d'huile et de quelques capres.

Harengs marines.

Levez les filets de plusieurs harengs marines que vous placez symetriquement dans le hors-d'oeuvrier.

Filet de Hareng saur de Hollande.

Servez de la meme maniere, excepte que vous passez le hareng a l'eau bouillante, lui enlever la peau; enlevez les filets ensuite en les separant en deux s'ils etaient trop gros. Servez dans un hors-d'oeuvrier.

Saumon fume grille.

Servez des petites tranches de saumon fume grille sur des petits canapes de pain grille egalement et beurre.

Olives vertes de Provence au Sel.

Egouttez des olives vertes et placez-les dans un hors-d'oeuvrier en les couvrant d'un peu d'eau salee pour les empecher de noircir.

Olives noires.

Faites comme pour les olives vertes. Celles-ci sont meilleures et plus grosses, aussi les gens de la Provence les preferent aux vertes.

Celeri en branche.

Prenez deux ou trois pieds de celeri, enlevez-en les premieres feuilles vertes et ne conservez que celles du milieu du pied. Netto-yez le pied en enlevant toutes les parties dures; tendez les tiges en quatre et faites dessus quelques legeres incisions; mettez-les a mesure dans l'eau fraiche; les parties entaillees se frisent toutes seules; servez dans un grand verre a pied dit a celeri; votre celeri formera, ainsi dresse, une gerbe charmante.

Celeri-Rave.

Prenez deux ou trois pieds de celeri-rave que vous epluchez, faites-le blanchir quelques minutes, le rafraichir, le couper ensuite en lames tres minces et ensuite en julienne tres fine que vous assaisonnez dans un bol avec sel, poivre, huile, vinaigre, une bonne cuilleree de moutarde de Dijon, un peu de cerfeuil et d'estragon haches; remuez le tout ensemble et servez dans un hors-d'oeuvrier.

Fenouil en branche.

Servez comme pour le celeri en branche.

Cresson de fontaine et Cresson alenois.

Epluchez le cresson et faites de petits bouquets que vous dressez sur une serviette.

Concombres verts.

Prenez un ou deux concombres verts, pelez-les, coupez-les en tranches minces, saupoudrez-les de sel fin pour que les concombres rendent leur eau, les mettre ensuite dans une terrine avec du vinaigre, un peu d'huile mignonnette; remuez les tranches pour qu'elles se trouvent bien assaisonnees: servez dans un hors-d'oeuvrier.

Concombres en filets.

Coupez un beau concombre vert en plusieurs morceaux de deux ou trois centimetres de long, en enlever l'ecorce verte en tournant le couteau autour du morceau; continuez a le couper ainsi jusqu'aux pepins comme si vous vouliez en faire un ruban; roulez ce ruban bien serre, coupez-le par tranches fines qui, en se deroulant, formeront de longs filets; mettez ces filets dans un saladier avec un peu de sel, faites mariner pendant une demi-heure environ. Egouttez l'eau ensuite en pressant legerement, assaisonnez d'huile, vinaigre et mignonnette et servez dans un hors-d'oeuvrier.

Concombres sales a la Russe.

Ce genre de concombre, plus court que les autres, ressemble a de gros cornichons. Vient communement dans le Nord; l'on peut s'en procurer chez les marchands de salaison russe tout prepare dans des tonneaux. Voici la recette telle qu'elle m'a ete donnee: Prenez une centaine d'ogoursis que vous lavez et essuyez, ayez un pot de gres muni de son couvercle, coupez grossierement une poignee de feuilles de cassis, une de fenouil, estragon, une racine de raifort gratee, quelques petites branches de genievre, 2 onces de poivre noir en grain et quelques feuilles de chene. Mettez vos ogoursis dans le pot de gres en melangeant les herbes coupees; couvrez le tout avec de l'eau du sel de 6 a 7 degres au pese-sirop; couvrez le pot d'un linge et de son couvercle; sutez le couvercle soit avec une pierre, afin que l'air n'y entre pas. Au bout d'une quinzaine de jours, ils se trouvent bons a servir.

Petits Radis roses et blancs.

Pour bien eplucher des radis, il ne faut laisser que deux ou trois feuilles et couper les queues et enlever autour des feuilles de petites feuilles blanches qui adherent aux radis; laissez quelques minutes a l'eau fraiche, les egoutter et les placer dans les raviers avec un peu d'eau fraiche; il est bon d'accompagner tous ces hors-d'oeuvre de petits pains de beurre ou en coquille.

Radis noir.

Epluchez un radis noir bien tendre, le couper en tranches minces, le mettre dans une assiette a soupe en ajoutant du sel pour en faire sortir l'eau; quelque temps apres, l'egoutter sur un linge, l'assaison-ner dans un bol avec sel, poivre, de l'huile et du vinaigre: dressez, ensuite dans un ravier.

Choux rouges au vinaigre.

Prendre un beau chou rouge, en enlever les feuilles pour les essuyer, en extraire les grosses cotes; mettez les feuilles les unes sur les autres pour les ciseler ensemble bien finement; mettez-les dans une terrine avec un peu de sel pour les faire mariner pendant deux jours, egouttez-les ensuite; mettez-les ensuite dans un pot de gres, couvrez-les de bon vinaigre, quelques clous de girofle et de poivre en grain.

Choux rouges a l'Anglaise.

Preparez les choux rouges de la meme maniere; seulement, au lieu de mettre le vinaigre a froid, vous faites bouillir le vinaigre que vous versez dessus; l'on peut y ajouter quelques condiments en plus, selon le gout des consommateurs; en tout cas, il faut laisser refroidir avant de fermer le vase hermetiquement.

Betteraves cuites.

Prenez deux ou trois betteraves de belle couleur, surtout qu'elles ne soient pas filendreuses; enlevez la peau grassement; coupez des tranches minces que vous placez dans un pot et que vous couvrez de bon vinaigre, prets pour vous en servir.

Artichauts a la Poivrade.

Choisissez de tres petits artichauts bien tendres et de meme grosseur, ce sont ordinairement ceux qui viennent apres les gros; enlevez les premieres feuilles pour les parer, ainsi que les fonds que vous frottez avec un demi-citron; coupez egalement le haut des feuilles et les plonger dans de l'eau acidulee; les egoutter et les servir avec assaisonnement dans une sauciere. Dressez les artichauts sur serviette ou dans des raviers s'ils sont tres petits.

Feves de marais au Sel.

Choisissez des petites feves a peine formees et servez-les dans un ravier; c'est le hors-d'oeuvre des Bordelais au dejeuner.

Melon et Cantaloup.

Le melon doit etre mange bien a point; pour cela, il faut le mettre a la glace ou dans un endroit tres frais: quelque temps avant de le couper, il faut, en le servant par tranches, eviter de donner les tranches qui ont touche la couche, hormis que le melon ait ete pose sur une brique ou un paillon.

Figues.

Les figues se servent egalement comme hors-d'oeuvre; il faut, comme le melon, les servir a la glace ou tres frais.

Huitres au Citron.

Il y a plusieurs sortes d'huitres: les meilleures et les plus fines sont celles de Cancal, petites, mais tres bonnes: il faut qu'elles soient de la premiere fraicheur; on les sert ouvertes, sur chaque assiette, accompagnees d'une sauce composee d'echalote hachee, de mignonnette, de vinaigre ou de quartiers de citron; l'on passe egalement des petites tartines de pain de seigle beurrees.

Moules et Clovisses.

Servez de la meme maniere que les huitres; a Marseille, l'on en fait une grande consommation.

Piments doux d'Espagne.

Epluchez-les, coupez la queue et mettez-les dans un pot que vous remplissez de vinaigre; bouchez le pot que vous laissez au frais pour vous en servir.

Mures.

Meme maniere que pour les figues; les mettre a la glace et les servir tres fraiches sur des feuilles de vigne ou de murier.

Choux-Fleurs.

Prenez un ou deux beaux choux-fleurs bien fermes et serres, les diviser par petits bouquets, les faire blanchir quelques minutes a l'eau de sel, les egoutter, les ranger dans un pot de gres; versez dessus du vinaigre bouillant, ajoutez-y un bouquet d'estragon et quelques clous de girofle, egouttez-les le lendemain, faites bouillir de nouveau le vinaigre, versez-le sur vos choux-fleurs, laissez refroidir, ensuite couvrir le pot et le placer dans un endroit frais pour vous en servir.

Haricots verts.

Meme maniere que pour les choux-fleurs.

Petits Oignons blancs.

Meme procede que pour les choux-fleurs et les haricots verts.

Cerises et Bigarreaux.

Mettez dans un bocal des cerises ou des bigarreaux auxquels vous aurez laisse deux centimetres de queue; lorsque votre bocal est rempli, mettez-y un bouquet d'estragon et remplissez le vide de votre bocal avec du vinaigre froid ou chaud: couvrez votre bocal pour vous en servir.

Petits Abricots.

Prenez de preference les petits abricots qui tombent de l'arbre quelque temps apres qu'ils sont formes, plongez-les a l'eau bouillante, les rafraichir aussitot, les essuyer sur un linge, les placer dans un pot ou un bocal, y verser dessus du vinaigre accompagne d'un petit bouquet d'estragon; au bout de quinze jours, vous pouvez les servir.

Noix vertes.

Prenez des noix vertes avant que la seconde ecorce ne soit formee, lorsqu'elle est encore tendre; mettez-les dans un bocal, versez du vinaigre dessus, ajoutez-y un bouquet d'estragon et fermez votre bocal: au bout d'un mois, vous pouvez vous en servir.

Vrilles de vigne.

Choisissez dans une jeune plante de vigne de belles vrilles, les laver, les blanchir a l'eau bouillante et salee cinq minutes; les rafraichir, les essuyer sur un linge, les mettre dans un bocal avec du vinaigre dessus ainsi qu'un bouquet d'estragon.

Verjus au Vinaigre.

Egrenez de beaux verjus prets a tourner, mettez ces grains dans un bocal, que vous remplissez ensuite de vinaigre et un peu d'estragon.

Criste-marine (ou Perce-Pierre).

Cette plante vient generalement au bord de la mer, elle se trouve naturellement salee, l'on en cueille les feuilles a la fin de l'ete; il faut les laver et les mettre au vinaigre pour vous en servir.

Petites Capucines au Vinaigre.

L'on se sert de la fleur des capucines pour decorer les salades montees: la fleur dure pendant toute la saison, mais les graines qui se forment successivement se cueillent avant leur maturite et se confisent dans le vinaigre.

Capres au Vinaigre.

Les boutons a fleurs du caprier se cueillent avant la fleur eclose; mettez-les au vinaigre comme les capucines. On les sert sur des hors-d'oeuvriers: cela excite a manger le poisson froid.

Salade de Cerneaux a la Bourguignonne.

Lorsque les noix sont fraiches et mures, c'est le moment de faire la salade de cerneaux. C'est vers la fin d'aout ou au 15 que les noix sont ordinairement bonnes a prendre pour cette salade, car c'est un regal qui ne vient qu'une fois tous les ans.

Prenez sur le tour d'un noyer les noix les plus avancees, ouvrez-les par le milieu et avec la pointe d'un couteau, cernez-les proprement de maniere a ne rien laisser apres la coquille interieure: mettez a mesure les cerneaux dans une terrine d'eau acidulee et salee, soit de vinaigre ou de citron, ce qui les empeche de noircir; d'un autre cote, prenez de beaux raisins en verjus d'une treille avancee, egrenez-les et mettez ces grains dans un mortier ainsi qu'une demi-douzaine de gousses d'ail epluchees; pilez le tout ensemble, ajoutez sel, poivre et muscade; egouttez vos cerneaux, les eponger avec une serviette, les mettre dans un saladier, passez par dessus le jus de verjus que vous avez pile, de maniere que les cerneaux soient a peu pres imbibes en les sautant de temps a autre. C'est un hors-d'oeuvre un peu rustique, mais qui vaut mieux que tous les aperitifs du monde.

Capitolade de Verjus.

Lorsque le raisin commence a tourner, c'est-a-dire qu'etant encore en verjus, pilez ces verjus avec quatre ou cinq gousses d'ail pour en extraire le jus que vous salez, poivrez: ayez des morceaux de viande froide, soit volaille ou autre, faites-en un petit emince que vous dressez, dans un petit plat ou hors-d'oeuvrier, passez le jus de votre verjus que vous avez pile dessus, entoure de persil hache.

Crevettes a la Glace.

[Gravure 52.png]

Prenez un bol en cristal, remplissez-le de glace transparente sans etre pilee, que les morceaux ne soient pas plus gros que des oeufs de pigeon; accrochez de belles crevettes de meme grosseur apres le bord superieur du bol par la queue, la tete en bas; servez le bol sur serviette entouree de persil frais.

Buisson d'Ecrevisses.

Prenez du persil frais, dressez, les ecrevisses en pyramide en alternant du persil entre chaque. (Il y a des mandrins en fer-blanc expres pour cela, qui sont plus commodes et plus expeditifs.)

Petits Homards coupes.

Ayez des petits homards cuits, coupez-les en plusieurs parties; accompagnez-les d'une sauciere de mayonnaise.

HORS-D'OEUVRE CHAUDS

Petits Pates de Volaille.

De meme que les precedents, seulement on les garnit avec de la farce de volaille.

Pate a Coulibiac.

Mettez dans une terrine une demi-livre de farine, un peu de levure gros comme une petite noix et un verre de lait tiede; delayez la levure en la melant petit a petit a la farine en la travaillant de maniere que votre levain soit bien lisse; faites-le revenir en le couvrant dans un endroit chaud; lorsque le levain est bien leve, ajoutez-lui une autre demi-livre de farine, cinq ou six oeufs entiers et une demi-livre de beurre en pommade. Travaillez la pate afin qu'elle soit bien lisse, ajoutez-y, au dernier moment, deux pincees de sucre et un peu de sel: saupoudrez-la de farine et laissez-la faire un levain pendant une heure environ; ensuite saupoudrez la table, rompez votre pate comme l'on fait de la brioche; si vous ne vous en servez pas de suite, placez-la dans un endroit frais ou a la glace pour vous en servir au besoin.

Petits Pates a la Moskowa.

Faites une abaisse avec de la pate a coulibiac, coupez-en des carres de 5 centimetres, garnissez-les apres les avoir mouilles, avec un pinceau, avec un peu de farce de poisson; mettez sur cette farce un petit morceau carre de poisson cru et assaisonne; mettez egalement un peu de farce par dessus le poisson; mouillez les bords de maniere a fermer vos petits pates; laissez-les revenir pendant un quart d'heure, retournez les pates sur la plaque, dorez-les et poussez-les au four vif; lorsqu'ils sont cuits, faites-leur une petite ouverture, et au moment de les servir, introduisez par l'ouverture une petite demi-glace de jus de poisson et demi-jus de citron. Servez tres chaud sur serviette.

Petits Pates aux Legumes.

Coupez carottes, celeri, navets, racine de persil en brunoise; faites blanchir ces legumes separement, rafraichissez et egouttez-les sur serviette; prenez d'autre part deux ou trois cuillerees de bechamel reduite, melez-y vos legumes assaisonnes, ajoutez un ou deux oeufs cuits durs haches, un peu de ciboulette et de persil hache, et laissez refroidir; faites une abaisse de feuilletage comme pour les petits pates, garnissez-les de meme, dorez-les et poussez-les au four. Servez apres cuisson sur serviette.

Petits Pates de Choucroute.

Passez un oignon coupe en des dans une casserole avec un morceau de beurre en le tournant sur le feu sans lui faire prendre couleur, ayez ensuite une livre de choucroute lavee et essuyee sur un linge, hachez-la tres fine, melez-la a l'oignon, l'assaisonner de bon gout; ajoutez quelques cuillerees de bon bouillon et laissez cuire doucement pendant une heure environ a couvert; faites refroidir ensuite et garnissez vos petits pates comme il est indique aux petits pates aux legumes.

Petits Pates de Riz aux oeufs.

Faites comme ci-dessus, liez le riz et les oeufs haches avec un peu de sauce bechamel reduite, et procedez de meme que pour les petits pates.

Petits Pates au Boeuf.

Hachez tres fin un morceau de filet de boeuf avec un peu d'oignon hache et de persil; assaisonnez de bon gout; garnissez vos petits pates et cuisez a four gai. Apres cuisson, faites-leur une petite ouverture et coulez dedans un peu de demi-glace.

Petits Coulibiacs de Choux au Vesiga.

Faites de petites abaisses en pate a coulibiac, garnissez de choux braises d'avance et refroidis, ainsi que du vesiga blanchi et cuit; procedez comme pour les petits pates, laissez revenir quelque temps, cuisez-les ensuite selon les regles et servez sur serviette.

Petits Coulibiacs de Saumon au Riz.

Faites comme ci-dessus, garnissez de riz cuit d'abord une petite tranche de saumon et enfin un peu de riz pardessus, faites revenir et poussez au four apres cuisson. Servez sur serviette.

Bouchees a la Reine.

Ayez des petites croutes de bouchees que vous garnissez de puree de volaille au moment de servir. Servez sur serviette ou sur gradin.

Bouchees a la Monglas.

Garnissez des petites bouchees composees de blanc de volaille, champignons, truffes, langue coupee en julienne et liee avec une demi-glace.

Petites bouchees de Puree de Gibier.

Garnissez de petites bouchees de puree de gibier dans laquelle vous y aurez ajoute un peu de creme fouettee pour la rendre plus legere.

Bouchees de queues d'Ecrevisses.

Faites reduire une bonne sauce de poisson dans laquelle vous y aurez introduit un beurre d'ecrevisse ou de homard et quelques cuillerees de creme fouettee; ajoutez a votre sauce des queues d'ecrevisses epluchees et coupees en deux ou trois morceaux; emplissez vos petites bouchees et servez sur serviette ou sur gradin.

Bouchees a la Moelle.

Cuisez de tres petites bouchees, coupez ensuite des morceaux de moelle en des que vous faites degorger pendant quelque temps, ensuite blanchissez la moelle a l'eau bouillante salee, egouttez de suite et roulez-la dans une demi-glace; emplissez vos bouchees et servez.

Cromesquis de Volaille.

Faites un appareil a croquette selon les regles et laissez refroidir; faites de petits carres longs de la moitie de la grosseur d'une croquette; enveloppez-les dans de la crepinette de porc ou des petites bandes minces de tetine, faites-les frire ensuite par petite quantite apres les avoir trempes dans de la pate a frire. Dressez en couronne ainsi qu'un petit buisson de persil frit.

Cromesquis de Poisson.

Faites une reduction de sauce de poisson et un peu de bechamel: y ajouter apres liaison un salpicon de poisson cuit soit de turbot ou autre, comme pour les croquettes, et procedez de meme que pour la volaille.

Coquilles de Volaille.

Faites un appareil a croquette sans etre lie, ayez de petites coquilles dites Saint-Jacques, garnissez-les a moitie de l'appareil, passez un peu de chapelure par dessus, un peu de beurre fondu, et quelques minutes avant de servir, poussez a four chaud. Servez sur serviette. Dans les bonnes maisons, les coquilles sont en argent comme le reste, mais les coquilles ordinaires sont la meme chose.

LES COQUILLES EN GENERAL
Coquilles de Ris de Veau.
Coquilles de Cervelle.
Coquilles de Boeuf.

Coquilles de Homard.
Coquilles de Poisson, etc.

Toutes se servent de la meme maniere; ce petit hors-d'oeuvre est bon pour utiliser les restes.

Souffles a la Varsovienne.

Preparez un appareil a blinis transparent separe dans deux vases; cuisez des blinis tres minces dans de petites poeles plates dites a blinis, servez-vous de ces blinis pour foncer des moules a tartelettes beurres, ajoutez dans l'autre moitie qui vous reste de l'appareil, un peu de creme fouettee, garnissez-en vos tartelettes, mettez-les au four et servez apres cuisson avec une sauciere de creme aigre.

Ravioles de Fromage blanc a la Polonaise.

Passez au tamis a quenelles une demi-livre de fromage blanc, mettez-le dans une terrine avec une demi-livre de beurre en pommade, assaisonnez de sel, poivre et une petite pincee de cayenne, ajoutez-y deux oeufs entiers, travaillez le tout avec une cuiller de bois, afin d'obtenir une creme bien lisse et epaisse. Faites une pate a nouille que vous abaissez tres mince, mouillez le dessus de cette abaisse avec un pinceau, placez ensuite sur le devant de votre abaisse de petites cuillerees de votre creme a trois centimetres l'un de l'autre, recouvrez devant vous ce premier rang avec la pate qui depasse sur le devant: appuyez entre chaque avec le pouce afin de les bien souder, tout en leur donnant la forme d'un petit chausson; coupez-les ensuite avec un coupe-pate goudronne, rangez-les a mesure sur un tamis sec, faites-en un autre rang, puis un autre, jusqu'a la fin de votre abaisse; pochez-les ensuite a l'eau bouillante salee, les egoutter, les dresser soit dans une casserole en argent ou un legumier; versez dessus du beurre fondu a la noisette dans lequel vous aurez mis une petite poignee de mie de pain sechee au four et passee au tamis. Servez a part une sauciere de creme aigre.

Ravioles de Boeuf et Fromage.

Faites comme les ravioles a la polonaise, seulement ajoutez a votre creme un peu de boeuf cuit et hache tres fin, le reste du service est le meme.

Creme de Haddock a la Diable.

Lavez les filets de deux haddocks fumes, pilez-les avec un morceau de beurre, un peu de sel et une legere pincee de cayenne, lorsque le tout est bien pile, passez cette farce au tamis a quenelle, remettez l'appareil dans une terrine, travaillez-la avec une cuiller de bois afin de lui donner du corps, ajoutez un jaune d'oeuf et une cuilleree de bechamel: montez-la ensuite avec de la creme fouettee. Beurrez des petits moules a dariole, les remplir de votre appareil; les placer ensuite dans un plat a sauter avec de l'eau bouillante, les pousser au four quelques minutes pour les pocher, avoir soin que l'eau ne bouille pas, aussitot poches les demouler sur un plat, les napper ensuite avec une sauce cremeuse au beurre d'anchois.

Hottereaux de Crevettes.

Prenez deux ou trois moyennes soles, enlevez les filets et parez-les de leur peau nerveuse, ensuite battez-lez legerement afin de les rendre plus souples a leur cuisson, ployez chaque filet de maniere a en former un petit hottereau, mettez un petit tampon de pate a detrempe dans le vide du hottereau et pochez-les au four couverts d'une feuille de papier beurre. Lorsqu'ils sont poches, en enlever les petits tampons, les dresser sur un fond de riz sur le centre duquel vous aurez dresse des petits pois. Preparez a l'avance des crevettes epluchees que vous aurez coupe en des, melez ces crevettes a une bonne sauce crevette, garnissez le vide des petits hottereaux et envoyez une sauciere de sauce crevette a part en meme temps.

[Gravure 53.png]

L'on peut aussi executer ce plat au froid, remplacez les pois par une salade de legumes et un petit sujet en stearine, comme le represente le dessin.

Perles au Fromage.

Preparez une pate a choux au lait a laquelle vous ajoutez une bonne poignee de parmesan rape et autant de fromage de gruyere, un peu de sel et une forte pincee de cayenne.

[Gravure 54.png]

Beurrez legerement une plaque ou plafond d'office, louchez des petits choux de la grosseur de petits pois, plus petits s'il y a lieu, car etant cuits, ils ne doivent pas etre plus gros que des pois; lorsque votre plaque est pleine, semez par-dessus un peu de parmesan rape avec une petite passoire. Faites-les cuire, qu'ils soient de belle couleur; dressez-les dans une coupe en cristal sur serviette, accompagnes d'une cuiller pour se servir.

Nouillette au Parmesan.

Faites une pate ainsi composee: 125 grammes de farine, 125 gr. de parmesan rape, 60 gr. de beurre fin et 3 jaunes d'oeufs, sel, poivre, ainsi qu'une pincee de cayenne. Melez le tout ensemble en travaillant la pate avec la paume de la main; lorsque la pate est bien lisse, laissez-la reposer quelques minutes afin qu'elle ne soit pas aussi coriace et qu'elle ne se retire pas en la decoupant.

[Gravure 55.png]

Abaissez votre pate en plusieurs bandes de la meme largeur, soit en moyenne de 5 a 6 centimetres. Coupez ces abaisses en nouilles tres fines et placez-les a mesure sur un ou plusieurs tamis, afin de les faire secher. Quelques minutes avant de servir, mettez vos mouillettes dans un panier a friture et plongez-les en friture chaude, servez sur serviette entoure de persil frit, l'on peut egalement les servir sur des paniers ou coupes; dans ce cas, aussitot sortis de la triture, les eponger de leur graisse sur serviette et les dresser en buisson ensuite sur un tambour apprete d'avance.

Tricorne du Diable.

Faites un appareil ainsi compose: un quart de livre de fromage a la creme que vous mettez dans une terrine, une poignee de fromage de parmesan rape, une pincee de cayenne, sel et poivre, trois jaunes d'oeufs et deux blancs fouettes; a la fin, sel et poivre d'un autre cote; abaissez des rognures de feuilletage ou du feuilletage a huit tours, coupez-en des ronds de cinq centimetres de diametre; mettez sur le milieu de chaque rond un peu de votre appareil au fromage; relevez-en les bords en forme de tricorne; dorez-les a l'oeuf et poussez-les a four chaud quelque temps avant de les servir; dressez-les apres cuisson sur serviette; les petits tricornes ont besoin d'etre servis tres chauds comme les souffles au fromage.

Canelons au Fromage.

Faites une abaisse de feuilletage a huit tours, tres mince; coupez sur la longueur des lanieres d'un centimetre de largeur; mouillez-les avec un pinceau trempe dans l'eau; ayez de petits batonnets a canelon de huit centimetres de longueur, dont l'extremite se termine en broche: prenez vos petites bandelettes et enveloppez-en vos batonnets en ayant soin, toutefois, de tenir vos bandelettes a cheval, jusqu'a l'extremite du plus gros bout de la brochette; dorez-les et poussez-les a four chaud; lorsqu'ils sont cuits, retirez-en les batonnets et garnissez-en le vide avec une creme au fromage, bien relevee; servez ensuite sur serviette ou sur gradin.

Cigarettes de Caviar a la Russe.

Coupez des tranches de pain tres minces dans un pain de mie bien frais, ayez soin d'avoir un couteau qui coupe bien, car si les tranches etaient trop epaisses, vous ne pourriez les rouler. Prenez un peu de beurre que vous melez avec du caviar bien frais, assaisonnez de bon gout sans oublier une pincee de cayenne, etendez votre caviar sur chaque tranche de pain coupee et roulez-les ensuite eu forme de cigarette en ayant soin qu'elles soient toutes uniformes, dressez-les sur de petites coupes legeres entourees de persil frais.

Tourteaux au Fromage.

Faire deux verres de lait de creme patissiere au fromage assez serree, lorsqu'elle est cuite, la laisser refroidir en l'agitant avec une cuiller de bois, afin qu'elle ne devienne pas gremeloteuse.

Ayez un peu de pate a feuilletage en rognure. Faites-en une abaisse tres mince, coupez de petits ronds parle moyen d'un coupepate cannele, mouillez-les avec un pinceau, mettez sur le centre gros comme une noisette de votre creme refroidie avec le moyen d'un cornet; recouvrez vos petits ronds avec un appareil, appuyez-les avec un autre coupe-pate un peu plus petit, de maniere de les souder; les tremper ensuite a l'oeuf battu, les paner, les frire a bonne friture, les egoutter; semez-y par-dessus un peu de sel de Parmesan rape et un peu de cayenne.

Dressez-les sur serviette avec un bouquet de persil frit.

Petits Puits d'Amour a l'Indienne.

[Gravure 56.png]

Passez au beurre de petits canapes coupes dans un pain de mie de la grandeur d'une piece de 5 francs. Pilez et passez au tamis fin de la langue de boeuf. Ajoutez a cette puree un peu de farce de volaille, montee a la creme, de maniere que cette farce soit tres legere, comme pour un souffle. Avec une poche et un cornet de papier, couchez cette farce sur vos croutons de la grosseur d'un chou (en patisserie), en ayant soin que la farce n'aille pas jusqu'au bord du crouton. Semez par-dessus un peu de fine chapelure; d'un autre cote, passez un peu d'oignon hache tres fin au beurre. Melez-y une petite cuilleree de poudre de curry des Indes, une bonne cuilleree de demi-glace, une demi-cuilleree de marmelade de pommes de rainette et un peu de chutney des Indes. Reduisez le tout ensemble et laissez refroidir. Enfoncez ensuite le doigt au milieu de la farce, de maniere a en former un puits; avec votre appareil refroidi, poussez vos petits puits d'amour au four cinq minutes avant de servir. Lorsqu'ils sont poches, servez sur serviette ou sur gradin.

Ecrevisses a l'Indienne.

Prenez de belles ecrevisses bien fraiches, les nettoyer, passez un peu d'oignon dans une casserole avec une bonne cuilleree de poudre de curry, une branche de thym et un peu de persil; mettez-y vos ecrevisses a couvert, jusqu'a cuisson terminee, et laissez refroidir ensuite. Lorsque les ecrevisses sont froides, separez-en les queues du corps que vous videz et passez au tamis fin; enlevez les queues de leur carapace et coupez-les en petits des; prenez une ou deux cuillerees de sauce bechamel reduite; melez-y ce que vous avez passe au tamis, ainsi que les queues coupees en des, avec une pincee de cayenne. Emplissez avec cet appareil vos coquilles d'ecrevisses; lissez bien avec un petit couteau d'office, de maniere que toutes les carapaces soient de meme grosseur; semez-y par-dessus un peu de chapelure et les arroser de beurre fondu; rangez-les sur un plafond d'office; poussez-les ensuite a four chaud quelques moments avant de les servir; l'on peut servir sur serviette ou sur gradin ou tambour.

Vatroushkies.

Foncez des petits moules a tartelette avec des rognures de feuilletage tres mince; d'un autre cote, mettez un demi-litre de lait dans une terrine, la couvrir avec un linge et la mettre a une temperature chaude pendant quelque temps; la remettre ensuite dans un endroit frais afin de l'activer a tourner; lorsqu'il est froid, mettre le lait dans une casserole cour le faire chauffer sans bouillir. Lorsque vous voyez que le lait caillebote, l'egoutter dans une mousseline quelques minutes afin qu'il n'y reste plus d'eau; le passer ensuite sur un tamis fin en y ajoutant le quart de son poids de beurre fin et deux jaunes d'oeufs. Si toutefois cet appareil etait trop ferme, on pourrait y ajouter une cuilleree de creme, de maniere que sa consistance soit a peu pres celle d'une creme frangipane; ajoutez-y sel, muscade et une pincee de cayenne; remplir les tartelettes au tiers de leur hauteur, les cuire a four chaud 12 minutes et servir chaud sur serviette.

En Russie, l'on mange ces petits savoury avec le potage.

Petits Bavarois au Fromage.

Mettez 6 jaunes d'oeufs dans une casserole, sel, poivre, une pointe de cayenne, delayez les jaunes avec un demi-litre de lait; mettez le tout sur le feu comme pour une anglaise, de maniere que l'appareil se lie sans bouillir; ajoutez, apres sa liaison terminee, 3 feuilles de gelatine, que vous aurez mis tremper dans l'eau a l'avance, afin qu'elle puisse se dissoudre au contact de la chaleur de l'appareil; ajoutez-y en meme temps une bonne poignee de parmesan rape; laissez refroidir jusqu'au commencement de sa coagulation. A ce moment, ajoutez le double de creme fouettee; en remplir les petits moules a dariole que vous aurez legerement huiles d'avance, les mettre ensuite dans de la glace pilee.

Au moment du service, demoulez vos petits bavarois que vous servez sur serviette ou sur fond de riz entoure de persil frais.

Petites Bombes Indoues.

Prenez les chairs d'un homard moyen (cuit), coupez-les en petites lames, passez un peu d'oignon dans une casserole avec un morceau de beurre, un peu de poudre de curry et un soupcon de chutnee du Bengale; melez-y vos tranches de homard quelques minutes, mouillez ensuite legerement avec un peu de creme double; lorsque le tout est assez cuit, pilez et passez au tamis fin, mettez cette puree sur glace ou dans un endroit frais; d'un autre cote, chemisez des petits moules a tartelettes (beurres d'avance) avec de la pate a brioche, mais tres mince; emplissez ensuite a moitie vos tartelettes avec la puree de homard; recouvrez-les ensuite avec une legere couche de pate a brioche en ayant bien soin de bien souder le couvercle, les laisser revenir au frais doucement.

Dix minutes avant de les servir, les plonger dans la friture chaude, ensuite les egoutter sur un linge, les dresser sur serviette ou sur tambour entoure de persil frit.

Canape des Briards.

Coupez dans un pain de mie de belles tranches de pain d'un demi-centimetre d'epaisseur que vous faites griller devant un feu vif; lorsque vos tranches sont grillees et encore chaudes, etendez dessus une couche de fromage de Coulommiers bien fait; divisez vos tranches en petits carres longs sur 4 centimetres de largeur sur 5 de longueur; placez-les sur une plaque d'office; parsemez dessus un peu de parmesan rape et une pointe de cayenne; poussez-les a four chaud ou glacez-les a la salamandre; servir bien chaud sur serviette.

Les Biscotins de Suzanne.

Ce petit savoury a l'avantage de pouvoir etre prepare a l'avance.

Cassez dans une terrine deux oeufs entiers et trois jaunes; les delayer avec un demi-litre de creme, du sel, du poivre de cayenne, un peu de muscade, une poignee de gruyere rape et autant de parmesan.

Beurrez douze petits moules a tartelettes assez profonds, les remplir avec l'appareil qui vient d'etre decrit. Placez les moules dans un sautoir avec un peu d'eau chaude, les faire pocher au four modere en ayant soin, toutefois, que l'eau ne bouille pas.

D'un autre cote, coupez a l'emporte-piece des tranches de brioche rassie de l'epaisseur d'un centimetre et de meme grandeur que les moules a tartelettes, et les faire frire dans du beurre clarifie; lorsque les tartelettes sont pochees et demoulees, les placer aussitot sur les rondelles de brioche frite, ensuite l'on seme un peu de fromage de parmesan rape par-dessus et on les glace a la salamandre ou pelle rouge.

Gondoles Venitiennes.

Foncez des petits moules a tartelette (dit moule a bateaux) avec de la pate fine a foncer, emplissez ces tartelettes de riz et cuisez-les aux trois quarts de leur cuisson; lorsqu'ils sont sortis du four, retirez-en le riz et laissez-les de cote; d'une autre part, faites un petit appareil a souffle de homard tres fin et monte a la creme fouettee sans oublier d'y ajouter une pincee de cayenne; un peu avant le service, emplissez vos petits bateaux avec votre appareil, soit avec une poche ou un cornet de papier de maniere a en former une spirale; les pousser au four; lorsqu'ils sont poches, placez-y une crevette epluchee de chaque cote et servez sur tambour ou sur serviette entouree de persil frais.

Dartois au Fromage.

Prenez un morceau de feuilletage a 7 tours, faites-en deux bandes d'egale longueur et de meme largeur, abaissez la premiere plus mince que celle qui doit recouvrir l'autre, mettez la premiere sur une plaque, mouillez-en les bords, garnissez cette bande d'une creme cuite au fromage de parmesan refroidie dans laquelle vous y aurez ajoute une pincee de cayenne.

Couvrez cette bande garnie avec l'autre en ayant soin de bien souder les bords avec le pouce en appuyant autour de la bande, dorez-la dessus, la rayer avec la pointe d'un couteau d'office en marquant les distances du decoupage; lorsque votre bande sera cuite, un peu avant la cuisson terminee, passez un peu de creme dessus avec un pinceau, semez-y un peu de parmesan rape, finissez de les glacer au four; lorsque vos dartois sont de belle couleur, decoupez-les et servez sur serviette.

Filets de Saumon fume.

Coupez de petits filets sur un morceau de saumon fume de la largeur d'un doigt et de la longueur de trois centimetres; coupez egalement sur un pain de mie de petits canapes un peu plus longs et un peu plus larges que les filets de saumon, les faire frire au beurre clarifie, les egoutter, les garnir ensuite avec un beurre d'anchois bien assaisonne; passez vos petits filets de saumon une minute au four, dressez-les sur vos canapes et servez sur serviette.

Petites Barioles au Fromage.

Foncez de petits moules a darioles avec de la pate a foncer tres fine, emplissez-les avec un appareil ainsi compose: 3 cuillerees de farine dans une terrine, 3 verres de lait, 2 jaunes et deux oeufs entiers, un quart de fromage de parmesan rape et deux onces de beurre frais; melez la farine avec les oeufs et mouillez doucement avec le lait; lorsque l'appareil est bien mele, emplissez vos moules a darioles et poussez-les au four. Apres cuisson, demoulez-les, semez un peu de fromage rape par dessus et servez sur serviette.

Huitres soufflees a l'Indienne.

Choisissez des huitres de Cancale bien fraiches et uniformes de grandeur, les ouvrir, en enlever les huitres que vous mettez dans une sauce a curry pour les faire pocher; faites-les refroidir sur un plat, de maniere que chaque huitre soit nappee de sauce.

Avec une brosse rude, nettoyez les coquilles les plus profondes et les mieux faites, les egoutter sur un tamis pour les faire secher. Ayez ensuite un peu de farce de merlan que vous montez a la creme fouettee, mettez de cette farce dans le milieu de chaque coquille d'huitre, placez dans le milieu une huitre entouree de sa sauce, recouvrez-la ensuite de farce en en formant un dome leger, lissez bien la farce avec un couteau: au moyen d'un cornet, faites autour de petits points, passez legerement dessus un peu de chapelure et poussez au four pour les pocher quelques minutes avant le service.

Dressez sur tambour ou sur serviette.

Gnochis de Gruyere au Gratin.

Foncez des petits moules a bateaux en pate fine et tres mince; d'un autre cote, faites une pate a choux commune au lait dans laquelle vous y incorporez du fromage de gruyere rape. Beurrez un plat a sauter, faites, avec le moyen de deux cuillers, des quenelles avec cette pate a moitie de la grandeur de vos tartelettes; faites-les pocher a l'eau bouillante, les egoutter ensuite sur un linge et les refroidir. Ayez ensuite de la bonne sauce bechamel dans laquelle vous y aurez introduit un peu de gruyere rape et une pointe de cayenne. Mettez-en un peu dans le fond de vos tartelettes foncees ainsi qu'une quenelle dessus et nappez-la legerement, de maniere que les bords de la tartelette ne soient pas couverts par la sauce; semez-y un peu de chapelure ainsi qu'un peu de beurre fondu; poussez a four chaud quelques minutes, le temps de cuire les tartelettes.

Servez sur serviette bien chaud.

Sardines a la Roquebrune.

Coupez dans un pain de mie de petits croutons de la largeur de deux doigts et a moitie de longueur d'une belle sardine; passez-les au beurre, afin qu'ils soient de belle couleur; les faire refroidir; nappez-les ensuite avec un beurre d'anchois. Ayez des oeufs cuits durs que vous hachez tres fin, le blanc et le jaune separement; prenez vos sardines dont vous enlevez la tete, la queue et les aretes; placez chaque sardine au milieu d'un crouton et remplissez le vide avec le jaune et le blanc d'oeuf haches, semez par dessus un peu de persil hache ainsi qu'une petite pointe de cayenne. Ce savoury peut se manger froid ou chaud.

Tartelette de Spaghetti Napolitaine.

Foncez des petits moules a tartelettes avec de la pate tres fine, les emplir de riz, les cuire a moitie comme il est indique (croute, etc.). Lorsqu'elles sont cuites, en retirer le riz et les laisser dans un endroit sec.

D'autre part, faites blanchir des spaghetti (petit macaroni), les egoutter, les couper de deux centimetres de longueur, les lier ensuite avec un peu de sauce bechamel, un bon morceau de beurre frais et une bonne poignee de parmesan rape, assaisonnez le tout sans oublier une pointe de cayenne; quelque temps avant de servir, emplissez vos petites tartelettes a moitie et finissez-les avec une moitie de tomate epluchee et epepinee d'avance; faire attention que la tomate soit bien assaisonnee et de la meme largeur que la tartelette; il faut choisir pour cela des petites tomates prunes, dites pommes d'or de Naples; en France comme partout nous en avons, elles se trouvent maintenant assez communes. Poussez vos tartelettes a four assez vif: apres cuisson, servez sur serviette.

Petits Souffles au Parmesan.

Huilez des petites caisses a souffles en papier, passez-les une minute au four, afin que l'huile adhere au papier.

Faites un appareil ainsi compose: 100 grammes de farine delayee avec un bon verre de lait, ajoutez sel, poivre, muscade et un morceau de beurre fin, tournez cet appareil dans une casserole sur le feu jusqu'a ce qu'il prenne de la consistance d'une frangipane; retirez alors du feu, ajoutez-y une bonne poignee de parmesan rape, melez a cet appareil 4 jaunes d'oeufs ainsi que les blancs fouettes en dernier lieu. Emplir vos petites caisses, semez-y par-dessus un peu de parmesan rape, les pousser au four pendant 15 a 20 minutes, selon la chaleur du four, car cela ne doit pas attendre. Aussitot cuit, les servir sur serviette bien chaude, sans cela les souffles retomberaient. Ce service doit se faire vivement.

Ramequins au Gruyere.

Preparez une pate a choux commune et au lait, deux onces de beurre, un peu de sel et poivre et cayenne, trois onces de farine tamisee que vous mettez lorsque le lait est en ebullition; dessechez cette pate quelques minutes et mouillez-la ensuite avec trois oeufs entiers battus par petites parties, de maniere que votre pute prenne du corps; lorsque votre pate est bien lisse, ajoutez-y trois onces de gruyere coupe en petits des, couchez vos ramequins sur une plaque de la grosseur d'un marron, dorez-les et placez sur chaque une petite lame de gruyere, poussez-les au four modere. Apres cuisson, servez sur serviette.

Petits Gateaux au Camembert.

Choisissez un bon Camembert bien fait, le nettoyer de son enveloppe grise et ne conserver que le milieu que vous mettez dans une terrine avec le tiers de son volume de beurre fin. Maniez le tout ensemble avec une cuiller de bois de maniere a en former une pate lisse, melez-y ensuite la meme quantite de farine, du sel, poivre et une pointe de cayenne. Mettez cette pate au frais ou a la glace, afin de la raffermir. Lorsqu'elle est assez ferme, abaissez-la de maniere a en couper de petites galettes de la grandeur d'une piece de 5 francs.

Rangez ces petits gateaux sur une plaque, dorez-les et parsemez-y dessus un peu de parmesan rape, cuisez a four modere. Ces petits gateaux doivent etre servis chauds, soit sur serviette ou sur tambour.

Tartelettes d'oeufs au Curry.

Foncez des petits moules a tartelettes avec de la pate tres fine, faites-les cuire avec du riz; apres cuisson, nettoyez-les et conservez-les dans un endroit sec. D'une autre part, faites durcir quelques oeufs dont vous coupez le blanc en petits des. Melez ce salpicon a une bonne sauce cremeuse au curry dans laquelle vous y aurez ajoute un peu de chutnee du Bengale. Au moment du service, emplissez vos tartelettes et passez par-dessus les jaunes a travers un tamis en fer, de maniere a couvrir les tartelettes entierement. Servez sur serviette ou tambour.

Sardines frites a la Diable.

Prenez de petites sardines bien fraiches, les nettoyer, les essuyer sur un linge pour en retirer l'humidite, les poudrer d'un peu de farine, ensuite les faire mariner dans une sauce Diable ainsi composee: Mettez dans une terrine ou un grand bol deux cuillerees de moutarde anglaise, une cuilleree de sauce anchois et deux cuillerees de Worcester sauce (sauce anglaise), remuez bien le tout ensemble, salez, poivrez, melez-y vos sardines de maniere que chaque sardine soit englobee de cette sauce; d'un autre cote, ayez une bonne pate a frire et du saindoux au feu pour friture; lorsque votre friture est chaude a point, trempez vos sardines dans la pate a frire et plongez-les a friture chaude, remuez-les dans la friture avec une ecumoire de maniere que la friture soit de belle couleur. A mesure que vous voyez que vos sardines sont frites, egouttez-les a mesure sur un tamis en fer, semez par dessus un peu de sel mele et une pincee de cayenne; servez en buisson sur serviette bien chaude et entouree de persil frit.

Rissoles au Gruyere.

Prenez 125 grammes de gruyere bien frais, coupez-le en petits des, tres fin, ayez deux ou trois cuillerees de sauce bechamel tres ferme que vous melez a votre fromage coupe. Assaisonnez de haut gout sans oublier une pincee de cayenne, laissez cet appareil dans une terrine pour vous en servir au moment.

D'une autre part, prenez du feuilletage a 8 tours ou des rognures, ce qui vous serait plus facile. Abaissez votre pate tres mince, mouillez votre abaisse avec un pinceau; placez, avec une cuiller a cafe, un peu de votre appareil a fromage de place en place, l'un a cote de. l'autre; les recouvrir avec l'abaisse de maniere a en former une petite demi-lune que vous soudez et coupez avec un coupe-pate cannele. Les passer ensuite a la panure et les frire de belle couleur, les servir ensuite sur serviette entouree de persil frit.

Filets de Hareng sur Canape.

Choisissez plusieurs harengs fumes, passez-les a l'eau bouillante pour enlever la peau. Enlevez-en les filets, les parer proprement sans qu'il y reste d'aretes, placez ces filets dans une assiette creuse ou tout autre recipient pour les faire mariner avec un peu d'huile d'olive et un peu de cayenne. Faites aussi de petits canapes dans un pain de mie, tenez-les un peu plus grands que les filets de hareng, les passer au beurre clarifie afin qu'ils soient de belle couleur. Garnir ces petits canapes d'un peu de pate d'anchois, placez dessus vos filets de hareng, les pousser au tour quelques minutes et les dresser sur serviette.

Grisinis au Fromage.

Prenez de la pate a brioche bien terme, faites-en une abaisse et mettez-la sur glace pour la raffermir. Lorsqu'elle est assez ferme pour la couper, detaillez de petits batonnets de 8 centimetres de longueur sur 1 centimetre de largeur, mouillez-les a l'oeuf battu et trempez-les ensuite dans du parmesan rape dans lequel vous aurez ajoute une pincee de cayenne, placez-les sur une plaque d'office beurree et les pousser a four chaud. Apres cuisson, les dresser en buisson sur serviette ou sur un tambour.

Petits Sables au Parmesan.

Faites une pate ainsi composee: mettez 125 gr. de farine sur le tour, faites-en une fontaine, mettez-y une pincee de sel et un peu de cayenne, 125 gr. de beurre fin, 125 gr. de parmesan rape et une cuilleree de creme double, maniez le tout ensemble legerement de maniere a ne pas rechauffer, laissez-la reposer quelque temps dans un endroit frais ou sur glace. Lorsque vous avez un moment pour la detailler, abaissez cette pate, coupez dans cette abaisse avec un coupe-pate des petits ronds de la grandeur d'une piece de 5 francs.

FIN DES HORS-D'OEUVRE.

233

TABLE ALPHABETIQUE DES MATIERES

BOUILLONS, SOUPES ET POTAGES

B

Bisque d'Ecrevisses
Bisque d'Ecrevisses a la creme
Bisque d'Ecrevisses a l'Indienne
Bisque d'Ecrevisses aux petites quenelles
Bisque de Crabes et Crevettes
Bisque de Homard
Bisque de Homard au riz
Bisque de Homard au Sagou
Bouillabaisse
Bouillabaisse a la Parisienne
Bouillon blanc de poisson de riviere
Bouillon de legumes verts
Bouillon maigre
Bouillon de poisson de mer
Bouillon de crustaces
Brunoise au tapioca

C

Consomme aux escalopes d'Esturgeon
Consomme aux escalopes de Saumon
Consomme aux escalopes de Saumon a la Dijonnaise
Consomme aux quenelles de Brochet
Consomme aux quenelles et Brunoise
Consomme aux quenelles de Carpe
Consomme aux quenelles garnies de queues d'Ecrevisses
Consomme aux quenelles de Merlan
Consomme aux quenelles et racines de persil
Consomme aux quenelles de Saumon et celeri
Consomme aux quenelles de Saumon demi-deuil
Consomme aux quenelles de Saumon
Consomme de poisson
Consomme de racines
Consomme de racines au Sagou
Creme d'Asperge aux pointes
Crecy au riz

E

Escalope d'Anguille au fenouil
Escalope de Truite a la creme
Escalope de Truite garnie de julienne

J

Julienne de celeri aux quenelles de Saumon

M

Milk-Punch pour Tortue

P

Panade au beurre
Panade a la creme aigre
Panade au lait
Potage brunoise
Potage d'Esturgeon aux quenelles
Potage d'Esturgeon au Vesiga
Potage aux Coquillages
Potage aux Huitres
Potage julienne
Potage lie aux escalopes d'Esturgeon au beurre d'Anchois
Potage laitance aux petits pois
Potage aux Moules
Potage aux Moules a la Marseillaise
Potage Palestine
Potage Sagou aux navets
Portage Tortue clair maigre
Potage Tortue clair
Puree de celeri a la creme
Puree Crecy aux croutons
Puree Crecy au riz
Puree de haricots blancs aux oignons
Puree de legumes
Puree de legumes a la creme
Puree de lentilles au celeri
Puree de lentilles a la chiffonnade
Puree de lentilles aux pates d'Italie
Puree de lentilles aux pointes d'asperges
Puree de lentilles aux croutons
Puree de lentilles au riz
Puree de lentilles au tapioca
Puree de marrons a la creme
Puree de navets au riz
Puree de poireaux a la creme
Puree de pois verts a la chiffonnade
Puree de pois verts a la creme

Puree de pois verts aux croutons
Puree de pois verts a la Fermiere
Puree de pois verts aux pointes d'asperges
Puree de pois verts au riz
Puree de potiron a la creme
Puree de potiron aux croutons
Puree de potiron au riz
Puree de tomates a la Fermiere
Puree de Turbot a l'Indienne
Printanier aux quenelles de Carpes

Q

Quenelles d'Esturgeon pour potage

S

Soupe aux choux maigre
Soupe d'Esturgeon liee aux petites quenelles
Soupe d'Esturgeon a la Russe
Soupe aux herbes
Soupe aux legumes
Soupe a l'oignon
Soupe a l'oignon au fromage
Soupe a l'oignon au gratin
Soupe a l'oignon aux haricots blancs
Soupe a l'oignon au lait
Soupe a l'oignon aux lentilles
Soupe a l'oignon au macaroni
Soupe a l'oignon aux pommes de terre
Soupe a l'oignon au riz ou vermicelle
Soupe d'orties blanches au lait
Soupe a l'oseille
Soupe a l'oseille a la creme
Soupe a l'oseille au vermicelle
Soupe aux petits navets glaces
Soupe de poireaux au lait
Soupe de poireaux et pommes de terre
Soupe de pourpier a l'oseille
Soupe de Tortue a l'Indienne
Soupe de Tortue liee

ENTREES ET RELEVES

A

Alose a la Beaulieue
Alose grillee a l'oseille

B

Bar sauce aux Capres
Barbue sauce hollandaise
Boudins de Merlan a la Meuniere
Brochet farci aux truffes

C

Cabillaud sauce aux Huitres
Cabillaud sauce aux oeufs
Caisses de laitance de Carpe a la Louvois
Cassolettes de nouilles a la Piemontaise
Coquilles de Homard au gratin
Cotelettes de Homard a la Rosselin
Cotelettes de Homard a la Saint-Brice
Cotelettes de Sole a la Cardinal
Cotelettes de Turbot a la Normande
Cotelettes de Turbot a la Pojarski
Cotelettes de Turbot a la Varsovienne
Coulibiac de Saumon a la Russe
Crabe dresse a l'Anglaise
Creme de Homard a la Royale
Croquettes de ris de Tortue a l'Indienne
Cromesquis de Merlan a l'Anglaise
Curry de Homard a l'Indienne

D

Darne de Saumon sauce mousseuse
Darne de Saumon froid sauce ravigote
Darne de Saumon sauce Genevoise
Darne de Saumon a la Moscovite

E

Ecrevisses a la Royal
Eperlans frits
Escargots a l'Arlesienne
Escargots d'avril au vin du Clos de Chablis

F

Filets de Barbue a la Moneret
Filets de Maquereaux a la Maitre-d'hotel
Filet de Perche a l'Italienne
Filet de Sole Cendrillon
Filets de Sole Fontange
Filets de Sole a la Jouvencienne
Filets de Truite sauce Crevettes
Filets de Turbot a la creme
Friture d'Anguille
Friture de Goujon
Friture de Goujon de Seine

G

Gratin de Turbot a la Duchesse
Grenouille a la Poulette

H

Harengs frais grilles sauce Moutarde
Huitres de Cancale au Chablis

L

Langouste a la Grimaldi
Langouste a la Parisienne
Langouste a la vinaigrette

M

Macaroni au gratin
Maquereaux grilles Maitre d'hotel
Matelote d'Anguille a la Bourguignonne
Matelote de Carpe a la Bourguignonne
Mayonnaise de Homard a la Denise
Medaillon de Truite a la Chency
Medaillon de Truite a la gelee
Merlan au gratin
Morue sauce aux Huitres
Moules a la Poulette
Mousse de Homard a la Russe

O

Oeufs de Pluvier a la gelee

P

Pate a Gnochis
Pain de Brochet a la Mariniere
Paupiettes de filets de Sole demi-deuil
Paupiettes de filets de Sole a la Mazarine
Petites Bouchees aux Huitres
Petits Bugues frits au beurre
Petits Pates chauds de Crevettes
Petites Sarcelles sous la cendre
Petites Truites de lac grillees sauce Remoulade
Queues de Homard au gratin

R

Raie au beurre noir
Rougets gratines a la Napolitaine
Rougets grillees Maitre-d'hotel
Rougets grondins au beurre
Rougets Maitre-d'hotel

S

Saint-Pierre sauce Hollandaise
Salade de celeri a la Dijonnaise
Salade de Crevettes
Salade de Homard
Salade a l'Italienne
Salade de poisson a la Polonaise
Salade a la Russe
Sarcelles a la Polonaise
Sarcelles roties sur canape
Sardines fraiches grillees
Sauce Genevoise au maigre
Saumon braise a la Saltibot
Saumon froid historie
Saumon a la Motowski
Soles au beurre
Soles frites a la Nantaise
Soles au vin blanc
Souffle de Homard a la cardinal Richard
Sterlet sauce a la creme aigre

T

Timbale d'Ecrevisses a la Madelon
Timbale de Gnochis a la creme
Timbale de Gnochis aux tomates
Timbale de Spaghetti a la Florentine
Tourte aux poireaux
Tranche de Saumon grillee sauce Tartare
Truite froide sauce Tartare
Truite de lac au beurre fondu
Truite sauce Crevettes
Turban de filets de Sole aux truffes
Turban de Merlan a la Beaumont

V

Vol-au-vent a la Bechamel
Vol-au-vent de Turbot a la creme
Vol-au-vent Gnochis
Vol-au-vent de Macaroni aux truffes
Vol-au-vent aux quenelles de Brochet
Vra (Le)
Vras farcis et rotis, Vras frits

S

Sauce Bechamel
Sauce au beurre
Sauce au blanc de poisson
Sauce Genevoise
Sauce Hollandaise
Sauce Mayonnaise
Sauce Mayonnaise ravigote
Sauce Remoulade
Sauce Tartare
Pate a choux pour Gnochis

ENTREMETS DE LEGUMES

A

Artichauts a la creme
Asperges froides sauce Mayonnaise
Asperges a l'huile
Asperges sauce mousseuse
Aubergines frites a l'Americaine
Aubergines au gratin

C

Caisses d'oeufs au gratin
Calcanon a l'Irlandaise
Cardes au blanc sauce Hollandaise
Chicoree a la creme
Choux de Bruxelles sautes
Choux de Bruxelles au beurre
Choux-fleur frits
Choux-fleur au gratin
Choux-marins sauce au beurre
Courges gratinees a la Bernard
Croutes aux Champignons
Croutes aux Champignons a la Duras
Croustade d'oeufs aux epinards
Curry d'oeufs a l'Indienne

F

Feves de marais a la Bechamel

G

Gnochis au gratin
Gnochis au gratin a la Provencale

H

Haricots verts a la creme
Haricots verts sautes au beurre

L

Laitues farcies au beurre
Lazagnes au gratin

O

Oeufs brouilles aux Champignons
Oeufs brouilles Petit-Duc
Oeufs brouilles pointes d'Asperges
Oeufs en cocotte
Oeufs mollets aux tomates
Oeufs poches aux epinards
Oeufs poches a la Laponne
Oeufs poches aux nouilles
Oeufs poches a l'oseille
Oeufs a la Saint-James
Omelette aux fines herbes
Omelette aux huitres
Omelette Russe
Omelette aux truffes

P

Pate de pommes de terre a l'Ecossaise
Petites carottes a la creme
Petits pois a la Romaine
Pommes de terre Anna
Pommes de terre a la Crapaudine

R

Riz a la Valencienne

S

Salade de laitue
Salade de laitue aux oeufs
Salsifis frits
Souffle a la Parmentier

T

Timbale de Lazagne a la Reine
Tomates farcies
Tomates a la Russe
Topinambours a la creme

V

Vitelotte a la creme

ENTREMETS SUCRES

A

Amandine aux fruits

B

Beignets d'abricots
Beignets de bananes
Beignets de creme de riz
Beignets de la Vierge
Beignets de peches
Beignets de pommes
Beignets souffles
Bombe glacee aux fruits
Bombe a l'Orientale
Brioche a la Polonaise

C

Charlotte a la Cecilia
Charlotte de gaufres a la Palmeston
Charlotte de pommes a l'abricot
Chartreuse de fraises
Compote de peches
Croutes d'ananas a la Joinville
Croutes de Peches a la Saint-Maurice
Croutes de peches a la Ninon
Cussy glace au kirsch

D

Diplomate au Maraschino

F

Flan de pommes a la Portugaise
Fraises a la creme

G

Gateau Bradada aux amandes
Gateau Cardinal Perraud
Gateau Genois garni de creme
Gateau Leonie Godet
Gateau Montmorency au kirsch
Gateau Plombiere a la Pompadour
Gelee de mandarine a l'Egyptienne
Gelees sucrees pour bal
Glace au cafe vierge

M

Macedoine de fruits glaces
Melon en surprise
Mousse aux amandes pralinees
Mousse de fruits
Mousse de peche glacee au kirsch
Mousse aux pistaches
Mousse de violettes voilees a la Suzon
Mousseline a l'orange

P

Pains de fruits
Pate a frire pour beignets
Peches a l'Andalouse
Pommes au riz
Pommes meringuees a la Turque
Pudding de cabinet a la Manon
Pudding Conquerant
Pudding Mousseline au citron
Pudding Mousseline a l'orange
Pudding de semoule aux abricots

R

Rainettes en robe de chambre
Richelieu aux fruits
Riz a l'Imperiale

S

Sabayon au citron
Sabayon a l'orange
Sabots de Noel en surprise

T

Tarte aux abricots
Tarte aux cassis
Tarte aux cerises a l'Anglaise
Tarte aux groseilles et framboises
Tarte aux groseilles a maquereau
Tarte aux myrtilles
Tarte aux mures sauvages
Tarte aux peches
Tarte aux pommes
Tarte a la rhubarbe
Tarte au verjus
Timbale de cerises a la Montmorency
Timbale de marrons a la Nianza
Timbale de peches Marie-Louise
Timbale de poires a l'abricot
Tonkinoise au cafe

MENUS

Menus de Dejeuners et Diners maigres
Menu double (gras et maigre)
Menu et recette
Diner de 25 couverts
Diner de vendange
Souper de bal du 31 mai
Souper de bal du 6 mai (noces d'argent)
Menu de bal a Hatchland
Noel en Ecosse
Diner de Noel en Angleterre
Medaillons de faisan a la Courtyralla
Pain de volaille aux petits pois
Table de souper de bal
Menu de bapteme (Quenelles en surprise)
Les mets simples (Pommes de terre au lard)
La fricassee de Poulet
Cuisson des Champignons
Petits oignons blancs
La Crepe

HORS-D'OEUVRE ET SAVOUREUX

A

Allumettes au Parmesan
Anchois de Norvege aux oeufs
Anchois en papillote
Artichauts a la poivrade
Attereaux a la Royale

B

Beignets a la Riviera
Betterave cuite
Bol de cristal ou d'argent garni de blanc de volaille hache
Bouchees a la moelle
Bouchees a la Monglas
Bouchees de queues d'ecrevisses
Bouchees a la Reine
Briquettes glacees au fromage
Boisson d'Ecrevisses

C

Canape d'anchois aux crevettes
Canape de boeuf de Hambourg boucane
Canape de volaille et langue
Canape de Briards
Canelon au fromage
Capitolade de verjus
Capres au vinaigre
Celeri en branche
Celeri rave
Cerises et Bigarreaux
Choux a la creme au fromage
Choux-fleur au vinaigre
Choux rouges a l'Anglaise
Choux rouges au vinaigre
Cigarettes de Caviar a la Russe
Concombres en filets
Concombre sale a la Russe
Concombres verts
Conde au fromage
Coquilles de boeuf
Coquilles de cervelle
Coquilles en general
Coquilles de homard
Coquilles de poisson
Coquilles de ris de veau
Coquilles de volaille
Creme de Haddock a la diable
Creme frite au gruyere
Cresson de fontaine et Alenois
Crevettes a la glace
Criste marine
Cromesquis de poisson
Cromesquis de volaille
Croquesquis de riz au Parmesan

Croquettes de riz a la Piemontaise

D

Dartois au fromage
Diablotin au fromage

E

Ecrevisses a l'Indienne

F

Feves de marais au sel
Fenouil en branche
Figues
Filets de harengs sur canape
Filets de harengs saur de Hollande
Filets de maquereaux a la Suedoise
Filets de saumon fumes

G

Gnochis de gruyere au gratin
Gondoles venitiennes
Grisinis au fromage

H

Harengs marines
Hors-d'oeuvre et Savoureux
Haricots verts au vinaigre
Hottereaux de crevettes
Huitres au citron
Huitres soufflees a l'Indienne

J

Jaune d'oeufs poches a l'Indienne
Jaune d'oeufs poches au Parmesan
Jaune d'oeufs poches aux tomates

L

Les Biscotins de Suzanne
Les Savoureux et leurs recettes

M

Melon et Cantaloup
Mortadelle de Milan
Moules et Clovisses
Mures

N

Noix vertes
Nouillettes au Parmesan

O

Olives noires
Olives vertes de Provence
Oursins au petit pain beurre

P

Paille au Parmesan
Pate a Coulibiac
Pate a choux (v. Ramequin)
Perles au fromage
Petits abricots au vinaigre
Petits Bavarois au fromage
Petits bateaux d'huitres souffles
Petits canapes de langue au foie gras
Petits cocons printaniers
Petit coulibiac de choux au Vesiga
Petit coulibiac de Saumon au riz
Petits eclairs au fromage
Petits foies de volailles au lard fume
Petits gateaux au Camembert
Petits Homards coupes
Petits oignons blancs
Petits pates au boeuf
Petits pates de legumes
Petits pates a la Moscova
Petits pates de riz aux oeufs durcis
Petits pates de volaille
Petits puits d'amour a l'Indienne
Petits pois en surprise
Petits sables au Parmesan
Petits pates de choucroute
Petits souffles au Parmesan
Petits souffles d'Eglefin
Petits souffles d'Eglefin fumes
Petites bombes indoues
Petites bombes au Vesiga
Petites bouchees de laitance a la Diable
Petites bouchees de puree de gibier
Petites caisses d'oeufs au Parmesan
Petites capucines au vinaigre
Petites crepes au Caviar

Petites Darioles au fromage
Petites Marquises au Parmesan
Petites Pignates a la Nicoise
Petits Piments doux d'Espagne
Petites tartines Laponiennes

R

Radis noir
Radis roses et blancs
Ramequin au gruyere
Raviole de boeuf au fromage
Raviole de fromage blanc a la Polonaise
Rillettes de Tours et du Mans
Rissole au gruyere
Rissole a la Polonaise

S

Salade de Cerneaux a la Bourguignonne
Sardines a la diable
Sardines frites a la diable
Sardines a l'huile
Sardines a la Roquebrune
Saucisson d'Arles
Saucisson de Lyon
Saumon fume grille
Souffle a la Varsovienne

T

Tartelettes d'oeufs au Curry
Tartelettes a la Pisanne
Tartelettes de Spaghetti a la Napolitaine
Thon marine
Tricorne du Diable
Tourteaux au fromage

V